U0323622

国家出版基金项目
NATIONAL PUBLICATION FOUNDATION

有色金属理论与技术前沿丛书

钼基合金高温抗氧化涂层的制备与性能

PREPARATION AND PROPERTIES OF Mo-BASED ALLOYS
OXIDATION RESISTANCE COATINGS AT ELEVATED TEMPERATURE

汪　异　王德志　著
Wang Yi Wang Dezhi

 中南大学出版社
www.csupress.com.cn

 中国有色集团
CNMC

内容简介 / Introduction

近年来，MoSi$_2$ 涂层作为高温抗氧化涂层被广泛地应用于钼及其合金上，研究人员在钼及其合金的高温抗氧化方面做了大量的工作，但仍然存在一些问题需要解决，如循环抗氧化能力差、低温"Pesting"和高温下涂层与基体间的扩散。在掌握涂层的制备技术、形成机理和氧化机制的基础上，如何高效制备涂层和进一步提升涂层有效防护寿命，是值得进一步探讨的课题。本书共 6 章，内容包括钼及其合金抗氧化涂层的研究进展和存在的问题、涂层的制备与表征、大气等离子喷涂制备 MoSi$_2$ 涂层、原位化学气相沉积法（包埋法）制备 MoSi$_2$ 涂层和 MoSi$_2$/MoB 复合涂层、涂层的氧化性能和高温下涂层中元素的扩散等，这些内容对新型涂层的设计具有一定的借鉴意义。

作者简介

About the Author

汪　异，男，1980年生，2014年博士毕业于中南大学材料加工工程专业，现任湖南科技大学讲师。主要从事难熔金属的强韧化及高温腐蚀防护研发工作，博士期间在 *Materials Science and Engineering：A*、*Journal of Alloy and Compounds*、*Apply Surface Science*、*International Journal of Refractory Metal and Hard Materials* 等刊物上发表论文多篇。

王德志，1968年生，现任中南大学教授、博士生导师、材料科学与工程学院党委书记。《中国钼业》第六届编委。先后承担了"国家863计划"、国家自然科学基金面上项目等省部级科研项目6项。主编《中国材料工程大典》（第5卷第8篇"钨钼及其合金"），参编《钨钼冶金》（第10章和第1章部分内容）。获湖南省科技进步三等奖1项。

学术委员会

总序

当今有色金属已成为决定一个国家经济、科学技术、国防建设等发展的重要物质基础，是提升国家综合实力和保障国家安全的关键性战略资源。作为有色金属生产第一大国，我国在有色金属研究领域，特别是在复杂低品位有色金属资源的开发与利用上取得了长足进展。

我国有色金属工业近30年来发展迅速，产量连年来居世界首位，有色金属科技在国民经济建设和现代化国防建设中发挥着越来越重要的作用。与此同时，有色金属资源短缺与国民经济发展需求之间的矛盾也日益突出，对国外资源的依赖程度逐年增加，严重影响我国国民经济的健康发展。

随着经济的发展，已探明的优质矿产资源接近枯竭，不仅使我国面临有色金属材料总量供应严重短缺的危机，而且因为"难探、难采、难选、难冶"的复杂低品位矿石资源或二次资源逐步成为主体原料后，对传统的地质、采矿、选矿、冶金、材料、加工、环境等科学技术提出了巨大挑战。资源的低质化将会使我国有色金属工业及相关产业面临生存竞争的危机。我国有色金属工业的发展迫切需要适应我国资源特点的新理论、新技术。系统完整、水平领先和相互融合的有色金属科技图书的出版，对于提高我国有色金属工业的自主创新能力，促进高效、低耗、无污染、综合利用有色金属资源的新理论与新技术的应用，确保我国有色金属产业的可持续发展，具有重大的推动作用。

作为国家出版基金资助的国家重大出版项目，"有色金属理论与技术前沿丛书"计划出版100种图书，涵盖材料、冶金、矿业、地学和机电等学科。丛书的作者荟萃了有色金属研究领域的院士、国家重大科研计划项目的首席科学家、长江学者特聘教授、国家杰出青年科学基金获得者、全国优秀博士论文奖获得者、国家重大人才计划入选者、有色金属大型研究院所及骨干企业的顶尖专家。

　　国家出版基金由国家设立，用于鼓励和支持优秀公益性出版项目，代表我国学术出版的最高水平。"有色金属理论与技术前沿丛书"瞄准有色金属研究发展前沿，把握国内外有色金属学科的最新动态，全面、及时、准确地反映有色金属科学与工程技术方面的新理论、新技术和新应用，发掘与采集极富价值的研究成果，具有很高的学术价值。

　　中南大学出版社长期倾力服务有色金属的图书出版，在"有色金属理论与技术前沿丛书"的策划与出版过程中做了大量极富成效的工作，大力推动了我国有色金属行业优秀科技著作的出版，对高等院校、研究院所及大中型企业的有色金属学科人才培养具有直接而重大的促进作用。

王淀佐

2010 年 12 月

前言

我国是钼资源大国，同时也是钼生产和消费大国。钼及其合金具有许多优异的性能，使其在航空航天、电子、冶金和玻璃工业等行业中具有广泛的应用前景。然而，高温环境中的氧化使其失去优异的高温性能，那么，在钼及其合金性能不断被提升的同时，如何使其性能可在高温环境中得以发挥就成为了一个需要解决的问题。表面涂层和防护技术是解决这一问题最为有效可行的途径，进行新型涂层材料的研制、涂层结构的设计、氧化理论和界面扩散理论是该领域重要的研究内容。高温氧化环境下，$MoSi_2$能在表面形成一层连续的、具有保护能力的SiO_2薄膜，它被认为是应用在钼及其合金上的一种理想的抗氧化材料。在掌握涂层的制备技术、形成机理和氧化机制的基础上，如何高效制备涂层和进一步提升涂层有效防护寿命，是值得进一步探讨的课题。因此，本书在详细阐述了钼及其合金抗氧化涂层的类型、结构、制备技术、氧化机理和存在的问题的基础上，系统地介绍了大气等离子喷涂法和原位化学气相沉积法（包埋法）在钼表面制备$MoSi_2$涂层和$MoSi_2/MoB$复合涂层，包括制备工艺对所得涂层组织结构的影响、涂层高温下抗氧化机理以及涂层中元素的扩散等，作者认为这些内容对新型涂层的设计具有一定的借鉴意义。

近年来，$MoSi_2$涂层作为高温抗氧化涂层被广泛地应用于钼及其合金上，并且在钼及其合金的高温抗氧化方面做了大量的工作，但仍然存在一些问题需要解决：①循环氧化抵抗能力差，这主要是由于二硅化钼涂层与基体钼间的热膨胀系数不匹配而导致二硅化钼涂层在热循环过程中因应力的释放而产生裂纹；②在低温区400～600℃范围内氧化，涂层会发生结构上的严重损坏，这就是众所周知的"Pesting"现象；③高温下基体与涂层发生界面扩散并与其发生反应，导致涂层中有益元素 Si 的流失，进而影响到涂层的有效服役寿命。这些问题的出现愈加引起研究人员对新型涂层开发的兴趣。

本书第 1 章简述了钼基高温抗氧化涂层体系、结构和制备工艺，$MoSi_2$ 涂层材料的性能、制备方法及应用中存在的问题。第 2 章介绍了大气等离子喷涂法和原位化学气相沉积法制备涂层涉及的设备及工艺流程，涂层结构及相关性能的表征。第 3 章介绍了大气等离子喷涂法制备 $MoSi_2$ 涂层，包括喷涂用粉体的制备、喷涂工艺对涂层组织的影响和所得涂层的抗氧化性能。第 4 章介绍了原位化学气相沉积法制备 MoB 涂层，包括工艺参数对涂层物相和组织的影响、涂层成长的动力学以及涂层的力学性能和氧化性能。第 5 章介绍了原位化学气相沉积法制备 $MoSi_2$ 涂层和 $MoSi_2$/MoB 复合涂层，包括所制备涂层的物相、组织和形貌，涂层成长的动力学以及涂层的力学性能。第 6 章介绍了 $MoSi_2$/MoB 复合涂层的氧化性能和涂层中元素的扩散。

本书对从事难熔金属表面工程专业的生产技术人员、管理人员、研究人员和设计人员具有一定参考作用。

书中难免出现错漏之处，欢迎读者批评指正。

目录 / Contents

第1章 绪论

1.1 引言

难熔金属具有高的熔点（超过了铁基、钴基和镍基合金），经常用于需要高温强度和腐蚀抵抗力的环境中。而在难熔金属中，钼被认为是一种优异的高温结构材料，在温度高达1500℃下仍具有高的强度和硬度，但是需要在真空或惰性或还原性气氛下使用。钼和钼合金因其高的熔点，低的热膨胀系数、良好的导电导热性能、优异的抗腐蚀性能和高温性能而被广泛应用于航空航天、冶金、玻璃、电子等行业[1-5]。然而在高温氧化环境下，钼和钼合金的快速氧化，导致其失去优异的高温性能，从而限制了钼及其合金更为广泛的应用[6-9]。因此，研究并改善钼的高温氧化抵抗能力有着重要的意义。

通过合金化和表面涂层这两种方式可以改善钼及其合金的高温抗氧化性能。合金化主要是向钼和钼合金中加入其他金属元素，高温氧化环境中，通过在基体表面形成一薄层惰性氧化物膜，从而达到钼和钼合金抵抗氧化的目的[10,11]。合金化的优点就是不需要像涂层技术那样对基体表面进行二次加工，同时也不必考虑涂层与基体的结合情况。

钼的可合金化程度很小，钒、铌、锆等在较大含量范围内并无明显的改善作用，钛的加入反而使合金的氧化速度增加，铝在低合金化内（0.17% Al）对钼的抗氧化性能有所提高，钴则较显著地改善了抗氧化能力。

高合金化二元钼合金的抗氧化寿命有较大的提高。例如向钼中加入9% Co、15% Ni或25% Cr，在980℃流动空气中的抗氧化性能比纯钼可提高100倍。继续提高合金元素的含量时（如20% Co或30% Ni），钼在940℃时抗氧化寿命可达到100 h。其氧化机理是由于在钼的表面形成了不挥发并且致密的钼酸盐保护膜，如$CoMoO_4$、$NiMoO_4$等。然而，它们在冷却时易开裂、剥落，尽管硅、锰等元素能起到稳定钼酸盐的作用，但只有当含量较高时才起作用，而此时合金的可加工性已经变得非常差。

现代工业生产的钼合金，如TZM、TZC以及半工业生产的Nb-TZM等的抗氧化性能与未合金化的钼相差无几，都存在灾难性的氧化现象[12]。因此，合金化的方法有其自身的局限性。

通过在钼及其合金表面涂覆一层涂层来提高其高温氧化抵抗能力是一种非常有效的方式。由于基体材料和涂层可以分开设计，这样既能保持钼及其合金高温下的力学性能，同时能使钼及其合金的表面具有非常好的高温氧化抵抗能力。特别是在要求高温抗氧化性能为主的环境中，通过对基体材料表面涂覆抗氧化涂层来提高其氧化抵抗能力，这样降低了制造成本。

1.2　钼基高温抗氧化涂层的性能要求

涂层的氧化机理类似于金属，除了温度、气氛、压力与流速等外在因素外，其氧化机理主要由涂层的成分和微观结构等决定[13]。因此，从成分上考虑，足够量的 Al、Cr 或 Si 是高温抗氧化涂层中不可或缺的元素，在高温氧化环境中能在涂层的表面形成一层致密连续的惰性氧化物(Al_2O_3、Cr_2O_3 或 SiO_2)层。

根据涂层的制备方法、生产成本、保护对象和使用环境等因素，研究人员开发了各种类型的抗氧化涂层体系，以适应不同的要求。一般来说，高温抗氧化涂层应尽可能满足以下几点要求[13]：

(1)涂层应该具有良好的抗氧化性能。高温氧化环境中，能够在其表面形成一层致密连续的惰性氧化物层，给基体材料提供良好的氧化抵抗能力。

(2)涂层应具有良好的组织结构稳定性能。高温氧化环境下，涂层不易发生相变，并且在涂层与基体的界面处不形成影响涂层性能的相。

(3)涂层和基体之间应具有良好的结合力。通过对基体材料进行除污、去油、去氧化皮、表面粗化等预处理，以提高涂层与基体间的结合力。另外，要降低涂层与基体材料之间热膨胀系数不匹配问题，以提高涂层的抗热震性能。

(4)尽量降低涂层内部的缺陷并且采用简单的制备工艺。高温氧化环境中，缺陷容易造成涂层的局部破坏，进而降低了涂层对基体材料的保护作用。因此，采用简单而合适的涂层制备工艺，既可以降低涂层的制备成本，同时也可能减少涂层内部的缺陷。

(5)涂层应具有较低的韧脆转变温度(DBTT)。DBTT 是衡量涂层力学性能的重要指标。在韧脆转变温度以下，涂层表现出脆性。很小的拉应力或瞬间冲击载荷就可以使涂层产生裂纹，并延伸到基体材料。而在韧脆转变温度以上，涂层就会具有一定的韧性，受到应力时在涂层内部不容易形成裂纹，并且不会影响到基体材料的力学性能[14]。为了降低涂层在使用过程中发生开裂，其韧脆转变温度尽可能低一些。

1.3 钼基高温抗氧化涂层的研究现状

1.3.1 涂层体系

20 世纪 40 年代后期，金属钼上涂层的研制是以替代镍基和钴基高温合金，作为在更高温度下使用的涡轮叶片材料为背景的。这一时期对抗氧化金属镀层和金属间化合物防护层进行了大量的研究。由于带涂层的钼合金叶片在地面发动机试车中失败，对中温长期使用的防护层的研究处于缓慢的发展状态。50 年代末随着载人航天技术的发展，以载人飞船及超音速载人飞船挡热板用钼合金防护涂层的研究成为重点并发展起来。对选择适宜作载人条件下的涂层成分，全尺寸工业生产的工艺流程与设备，以及针对载人条件的性能测试与模拟载人条件的性能测试工作，钼合金抗氧化能力有了较大的提高，为具有抗氧化涂层的钼合金在更广泛范围的应用打下了基础。60 年代后期，涂覆涂层的钼合金在火箭的发动机系统中和某些工业部门得到成功的应用，如 R - 4D 发动机燃烧室的钼涂层是硅化物，发动机喉衬的钼涂层是氧化锆，含硅化物涂层的 TZM 合金被成功地应用于前缘、前热防护板、头锥裙部、控制翼、底面中。

高温抗氧化的涂层类型主要有以下 5 种[15]：

(1)能在表面形成一层致密连续的氧化物薄膜的金属间化合物。

(2)能在表面形成一层连续的玻璃态氧化物薄膜的金属间化合物。

(3)能在其表面形成一层连续致密的氧化物薄膜的合金。

(4)不与基体材料发生反应或者反应很慢，形成挥发性氧化物的贵金属或合金。

(5)不与基体材料发生反应的惰性氧化物，对环境中的氧起到机械阻挡的作用。

用于钼和钼合金的高温氧化抵抗的涂层类型有耐热合金涂层、氧化物涂层、铝化物涂层和硅化物涂层等[16]。

1.3.1.1 耐热合金涂层

在具有氧化抵抗能力的钴基和镍基合金的基础上逐步发展形成了耐热合金涂层[15]。钴基和镍基合金的氧化抵抗机理是由于在其表面形成了一层致密氧化物，阻滞了金属阳离子的扩散。如在钴基合金和镍基合金中加入大量 Cr，能够大幅度地提高合金的抗氧化性能，这主要是由于 O_2 与 Cr 等在合金表面形成了一层致密的 $CoCr_2O_4$ 或 $NiCrO_4$ 氧化物层。

Huang 等[17, 18]采用激光熔覆法在 Mo 基体表面制备出了无内部缺陷的 Ni - 20Cr 抗氧化保护层。涂层与基体间形成了冶金结合。通过检测涂层截面元素的分布，发现 Mo 在涂层中的含量较高。在涂层的制备过程中，与基体间形成的熔池温度高于钼的熔点，使得三种元素间发生了相互稀释。同时，一部分的 Cr 和 Ni 也扩散到了基体 Mo 中。在 600℃下经历 100 h 的 8 次等温循环氧化试验后，涂层表面形成了一层由 NiO、Cr_2O_3 和 $NiMoO_4$ 组成的氧化物层，而试样重量几乎没有发生任何变化，表现出良好的氧化抵抗能力。

尽管耐热合金涂层具有良好的氧化抵抗性能，但是 Ni 与难熔金属基体会发生扩散，尤其是 VIB 族的难熔金属，这将导致基体金属材料再结晶温度的降低，影响到基体金属的性能，并且可能在基体中形成脆性的金属间化合物，因此大大限制了这类涂层的应用；另外，涂层与基体间的热应力失配的问题也是限制其应用的一个因素。

1.3.1.2 氧化物涂层

这类涂层由惰性氧化物组成，与基体材料不发生化学反应，能机械阻挡环境中的氧。其氧化抵抗机理是由于将氧扩散的路径延长至最大，通常这类涂层具有较大的厚度。为了避免在涂层内部产生大的裂纹，应选用合适的涂层制备工艺。惰性氧化物是用于钼在 1600℃以上使用的氧化抵抗涂层材料，与通过扩散化学反应形成的涂层相比，涂层一般比较厚。通常是多孔的结构，对基体材料起到适当的保护作用。大多数氧化物涂层起初开发作为绝热涂层使用，而将抗氧化保护作为次要考虑。

关志峰等[19]在 Mo 基体上制备了钡硅酸盐氧化物涂层。涂层经历 1000℃等温氧化 30 min 后，涂覆 3 种不同成分的涂层试样的质量损失分别为 10.09 mg/cm^2、14.79 mg/cm^2 和 19.63 mg/cm^2，改善了金属钼的氧化抵抗能力。在较宽的温度范围内(700~1200℃)，涂层对钼电极能起到有效的保护作用。

1.3.1.3 铝化物涂层

这类涂层是通过与基体材料发生化学反应并且在基体表面形成的涂层，属于热扩散涂层。由于铝具有较高的活性，高温氧化环境下易与氧发生反应在基体表面形成致密的氧化铝保护层，达到抗氧化的目的。铝化物涂层的制备工艺简单，制备成本较低，一般用于静态的等温氧化环境，是一种重要的高温抗氧化涂层。然而在较高的温度(>1400℃)下使用时，涂层的力学性能下降，使用寿命缩短；存在热冲击的情况下涂层容易形成缺陷，甚至剥落，当发生机械变形时，会加快涂层的失效。

Chakraborty 等[10]采用卤化包埋法在 TZM 合金上制备出了钼铝化合物涂层。通过在基体材料表面沉积 Al 并在基体中发生扩散和反应，在 TZM 合金表面形成了一层由 Al_5Mo 为主相和 Al_7Mo_4 与 $Al_2(MoO_4)_3$ 为次相组成的涂层。在 1000~1200℃的温度下对涂有钼铝化合物涂层的基体试样进行等温循环氧化试验，研究结果发现在循环氧化前期(1~10 h)，试样表现出了快速的氧化。这一阶段主要是涂层中的 Al 与氧发生反应形成 Al$_2$O$_3$ 的过程，这使得试样的重量呈现较快的增加；当在试样表面形成一层完整致密的 Al$_2$O$_3$ 层时，将使得试样的氧化速度变得非常缓慢。涂覆涂层的试样在氧化 60 h 后，重量增重低于 0.2 mg/cm^2，表现出较好的氧化抵抗能力；而未涂覆涂层的试样在等温氧化时（800～1000℃），TZM 合金发生严重的重量损失，这主要是由 MoO$_3$ 的挥发造成的。

1.3.1.4 硅化物涂层

硅化物涂层的热稳定性比较好，使用温度可达 1600℃。高温氧化环境中，一层连续致密的玻璃态 SiO$_2$ 层形成在硅化物涂层表面，有效阻止了氧对基体材料的氧化[20-22]；并且在高温下 SiO$_2$ 能够产生流动，使得涂层具有很好的自愈合能力[23]，而且能承受一定的变形。20 世纪 90 年代，随着航空航天技术的发展，对涂层性能的要求更高，进而促进了硅化物涂层的研究。而二硅化钼是在硅化物中最具潜力的涂层材料，具有优异的高温抗氧化性能，主要应用于难熔金属[24-39]、高温合金[39-42]、C/C 复合材料[43-57]以及石墨[58]的高温抗氧化保护涂层。

吴恒等[59,60]采用低压化学气相沉积法（LCVD）在 Mo 基体上制备了单一的 MoSi$_2$ 涂层。研究了沉积温度对涂层的结构和性能的影响，当沉积温度低于 1100℃时，涂层的形成过程主要由 Si 与 Mo 的反应控制，而当沉积温度高于 1100℃时，涂层的形成过程则是由 Si 的扩散过程控制，沉积效率大幅度提高。当沉积温度在 1100～1200℃时制备得到的涂层结构致密，由单一 MoSi$_2$ 相组成。当沉积温度低于 1200℃时，随着温度的升高，沉积效率、涂层的硬度以及与基体的结合力均表现出增加的趋势；但是当沉积温度高于 1200℃，沉积效率、涂层的硬度及与基体的结合力随着温度的上升均出现下降的趋势，制备的涂层出现开裂现象，并且涂层的成分由游离态的 Si 和 MoSi$_2$ 组成。

1.3.2 涂层结构

在高温氧化环境中，硅化物中的 Si 元素与环境中的氧发生选择性的氧化，在其表面自发形成一层连续致密的二氧化硅保护层。高温下在二氧化硅中氧的渗透率极低，对氧起到有效的阻挡作用，因此，能够很好地保护到硅化物内部不被氧化，这使得硅化物材料具有出色的氧化抵抗能力。因此，近年来研究人员对钼和钼合金的高温氧化防护开展的工作主要集中在硅化物涂层的研究上。从涂层的成分和结构上可以将目前钼和钼合金的抗氧化涂层分为单一涂层（成分和结构单一）、改善型硅化物涂层（向硅化物涂层中添加了 B、Al 等有益元素）、复合涂层。

1.3.2.1 单一涂层

单一涂层是指涂层具有一种成分和结构，仅由二硅化钼相组成。

Alam 等[61]采用卤化物活化包埋法在基体钼上制备了单一的 MoSi$_2$ 涂层，考察了涂层在高温下短期的氧化抵抗能力。在 1100℃下进行 13 次循环氧化后，基体钼发生了快速氧化。由于二硅化钼涂层与基体间的热膨胀系数不匹配，从而导致了在试样的边和角处形成了宽大的裂纹，将基体钼暴露在空气中，使得涂层失去了对基体材料的保护作用；进行 35 次循环氧化后，整个涂层试样发生了完全瓦解。而在 1500℃下 1 h 的氧化试验后，试样失重约为 2.9 mg/cm^2，涂层给基体材料提供了较好的抗氧化保护。

二硅化钼在低温（400～600℃）下出现的"Pesting"现象和与钼之间的热膨胀系数不匹配使得单一的 $MoSi_2$ 涂层作为高温抗氧化保护的应用受到了限制。因此，研究人员向二硅化钼中添加一些有益元素（如 B、Al 等），或者制备复合涂层，以不断改善二硅化钼涂层的高温氧化抵抗能力。

1.3.2.2 改善的硅化物涂层

高温氧化环境下，硼与氧形成的 B_2O_3 能够提高 SiO_2 的流动性能，使得涂层具有更好的自愈合能力，从而提高涂层对基体的抗氧化保护[62,63]；而 Al 元素的加入能够改善 $MoSi_2$ 在低温下的"Pesting"现象并能提高 $MoSi_2$ 的韧性[64]。

夏斌等[65]采用卤化物活化包埋法在 Mo 合金上制备了单一的 $MoSi_2$ 涂层、$Mo(Si, Al)_2$ 和含硼的 $MoSi_2$ 涂层。研究结果表明，$Mo(Si, Al)_2$ 涂层是由 $Mo(Si, Al)_2$ 外层，$Mo(Si, Al)_2$ 和 Mo_3Al_8 两相混合中间层，Mo_5Si_3 和 Mo_3Al_8 两相混合内层组成的多结构涂层。通过采用氧-乙炔焰对涂层试样进行喷烧试验，3 种涂层中含硼的 $MoSi_2$ 涂层具有最好的氧化抵抗性能，而 $Mo(Si, Al)_2$ 涂层的抗氧化性能最差。高温时含 B 的 $MoSi_2$ 涂层在表面形成的 B_2O_3 增强了 SiO_2 的流动性，有利于在涂层表面形成致密连续的氧化物保护层，改善了涂层的高温抗氧化性能；而 $Mo(Si, Al)_2$ 涂层高温时在其表面形成 Al_2O_3，由于其熔点高于 SiO_2 的熔点，导致 SiO_2 的流动性变差，从而使得氧化层不能很好地覆盖基体，降低了涂层的抗氧化性能。Kuznetsov 等[66,67]采用熔盐法在钼上制备出了单一的 $MoSi_2$ 涂层和改进型的 $MoSi_2$ 涂层。涂层中 B 元素的加入明显改善了 $MoSi_2$ 涂层的抗氧化性能，涂层在 500℃下潮湿的空气中进行了 700 h 氧化没有发现"Pesting"现象。

Majumdar 等[68,69]采用卤化包埋法在 TZM 合金上制备了 $MoSi_2$ 和 $Mo(Si, Al)_2$ 涂层。涂层在 1300℃下进行了 6 次循环氧化试验后均未出现剥离现象。氧化后 $MoSi_2$ 和 $Mo(Si, Al)_2$ 涂层的增重分别为 0.356 mg/cm^2 和 0.338 mg/cm^2，2 种涂层都给基体提供了较好的氧化保护。Xu 等[70]采用卤化包埋法在基体 Mo 上制备了 $Mo(Si, Al)_2$ 涂层，涂层由 $Mo(Si, Al)_2$ 为主相和 Mo_5Si_3 为次相组成。涂层在 1050℃下经历了循环氧化试验后，$Mo(Si, Al)_2$ 涂层的抗氧化性能要优于单一的 $MoSi_2$ 涂层。高温氧化后，$Mo(Si, Al)_2$ 涂层表面形成了莫来石（$3Al_2O_3 \cdot 2SiO_2$），而氧在其中的渗透率更低。因此，改善型的 $MoSi_2$ 涂层能给基体材料提供更有效的保护。

1.3.2.3 复合涂层

单一的 $MoSi_2$ 涂层与基体 Mo 间的热膨胀系数不匹配的问题，使得涂层在制备和循环使用中，由于热应力的释放将在涂层内部形成裂纹，这将导致涂层氧化抵抗能力的下降。通过调整涂层的结构，改善涂层与基体 Mo 间的热应力不匹配问题，从而提高涂层对基体材料的抗氧化保护。

Yoon 等[71-75]采用两步化学气相沉积法在基体钼上分别制备了 $MoSi_2$ – SiC、$MoSi_2$ – Si_3N_4 复合涂层。涂层中 SiC 和 Si_3N_4 晶粒均匀分布于 $MoSi_2$ 的晶界，使得 $MoSi_2$ 晶粒的生长受到抑制，最终 $MoSi_2$ 以等轴晶的形式存在于涂层中。具有这种结构的涂层显著改善了涂层与基体间的热应力不匹配的问题，降低了涂层中的裂纹宽度和密度，提升了涂层的氧化抵抗能力。在 500℃ 下 $MoSi_2$ – Si_3N_4 复合涂层经历了 1850 次循环氧化后没有出现"Pesting"现象，由于 O_2 对 Si_3N_4 的选择性氧化，从而减少了 MoO_3 的大量生成；然而由于氧化产物 N_2 的挥发，使得涂层在多次循环氧化后内部形成了裂纹。Nyutu 等[76]在 Mo 基体上制备出 $MoSi_2$ – SiO_2 复合涂层。涂层由 SiO_2 外层和 $MoSi_2$ 内层组成。涂层经历 1000℃ 的氧化后，$MoSi_2$ – SiO_2 涂层抗氧化性能明显优于单一的 $MoSi_2$ 涂层，对基体起到了有效的保护作用。

1.3.3 涂层的制备工艺

目前钼和钼合金的高温抗氧化涂层制备的常用方法有：化学气相沉积法[59, 60, 71-83]（CVD 法）、包埋法[10, 11, 61, 62, 65, 68-70, 84-89]、料浆法[3, 19, 90]、熔盐法[66, 67, 91, 92]和等离子喷涂法[93, 94]。

1.3.3.1 化学气相沉积法（CVD 法）

化学气相沉积法（Chemical Vapor Deposition，简称 CVD）是利用气态的前驱体反应物（$SiCl_4$ + H_2），通过原子分子间的化学反应在基体钼的表面形成 $MoSi_2$ 涂层的过程。一般情况下，采用化学气相沉积法在基体钼上制备 $MoSi_2$ 涂层的过程主要分为以下 4 个阶段：①前驱体反应气体通过气体边界层从主气流中到达基体表面的传输阶段；②前驱体反应气体分子被吸附在加热的基体表面，并沉积 Si 的化学反应阶段（方程 1–1）；③Si 的固态扩散阶段；④在 $MoSi_2$/Mo 的界面处形成 $MoSi_2$ 涂层的化学反应阶段（方程 1–2）。图 1–1 为采用化学气相沉积法在 Mo 基体上制备 $MoSi_2$ 涂层的示意图[79]。制备得到的涂层组织致密，但沉积效率较低。

$$SiCl_4(g) + 2H_2(g) \longrightarrow Si_{\text{Mo-Silicide}}(s) + 4HCl(g) \qquad (1-1)$$

$$Mo(s) + 2Si_{\text{Mo-Silicide}}(s) \longrightarrow MoSi_2(s) \qquad (1-2)$$

$$Si_{\text{Mo-Silicide}}(g) + 2HCl(g) \longrightarrow SiCl_2(g) + H_2(g) \qquad (1-3)$$

Yoon 等[71-75, 77-83]采用化学气相沉积法在基体钼上分别制备了 $MoSi_2$ 单一涂

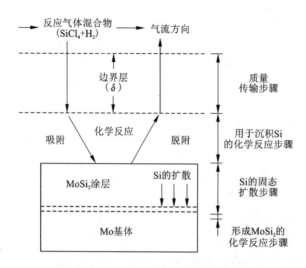

图 1 - 1 通过化学气相沉积法在 Mo 基体上制备 MoSi$_2$ 涂层的示意图[79]

层、MoSi$_2$/Si$_3$N$_4$ 和 MoSi$_2$/SiC 复合涂层。MoSi$_2$ 涂层的生长速率随着前驱体反应气体中的 Cl 和 H 的比值呈现抛物线型增长，这说明 Si 的固态扩散过程控制着 MoSi$_2$ 层的成长。涂层的厚度随着反应气体中的 Cl 和 H 的比值的增加呈现先增大后减少的趋势，基体表面沉积 Si 根据方程(1 - 3)重新形成气相而被排出，进而影响到涂层的成长。涂层由外至内依次为 MoSi$_2$ 外层和中间硅化物(Mo$_5$Si$_3$、Mo$_3$Si)的内层。由于 MoSi$_2$/Si$_3$N$_4$ 和 MoSi$_2$/SiC 涂层和钼基体的热膨胀系数接近，涂层内的裂纹数量大幅度降低甚至没有裂纹的形成(MoSi$_2$/Si$_3$N$_4$ 涂层)，这种结构的涂层有利于改善其抗氧化和抗热震的能力。Nyutu 等[76]通过化学气相沉积在钼上制备出 MoSi$_2$/SiO$_2$ 双层结构的涂层，涂层从外到内依次为 SiO$_2$ 和 MoSi$_2$ 层。由于 MoSi$_2$ 表面在氧化前已经被 SiO$_2$ 覆盖，因此氧化性能要好于单一的 MoSi$_2$ 涂层。

1.3.3.2 包埋法

包埋法属于一种化学热处理技术，首先将基体材料埋入包埋混合粉末中，然后置于真空或保护性气氛环境下的密闭容器中在一定制备温度范围内(800 ~ 1200℃)进行，得到需要的涂层。涂层的制备工艺简单，与基体间形成牢固的冶金结合，因而不易脱落。根据渗入元素的不同，在基体材料表面制备出不同的涂层组织。包埋混合粉末通常由 3 个部分组成：被渗物质，如硅粉(渗硅)、硼粉(渗硼)；卤化物活化剂，如 NaF，NH$_4$Cl 或 NH$_4$F 等；稀释填充剂，如 Al$_2$O$_3$ 或 SiC 等。

Chakraborty 等[11]采用卤化物包埋法在 TZM 合金上制备了 MoSi$_2$ 涂层。得到的涂层组织致密，一薄层 Mo_5Si_3 过渡层形成于 $MoSi_2$ 涂层与基体之间。在 1000℃ 和 1200℃ 的氧化试验后，涂层表现出较好的氧化抵抗能力，试样增重低于 0.16 mg/cm^2（1200℃，50 h）。一层连续致密的 SiO_2 玻璃层覆盖了整个涂层表面，有效阻止了环境中的 O_2 对涂层内部和基体的氧化。

1.3.3.3 料浆法

料浆法是先将一定比例的渗源、黏结剂、活化剂和溶剂置于球磨机中进行球磨处理，制成悬浊液料浆，然后喷涂或涂刷于基体表面；将涂覆料浆的基体置于真空或保护性气氛中进行高温热处理，制备出需要的涂层。涂层制备工艺简单，具有热传递好和渗镀速度快等优点；并且能得到均匀成分和厚度的涂层，与基体间形成冶金结合。

贾中华[3]、周小军[90]等采用料浆法在基体钼上制备了多层结构的涂层。涂层组织致密，有利于提高涂层的高温抗氧化性能，而在涂层与基体间形成的 Mo_5Si_3 扩散层有利于改善涂层的抗热震性能。涂层在 1500℃ 和 1600℃ 氧化后，表现出较好的氧化抵抗能力和抗热震性能；具有硅化物涂层的钼电极经历了 1200℃ 下超过 48 h 的循环氧化的考验，使得钼电极的使用寿命得到了提高。

1.3.3.4 熔盐法

熔盐法是指在一定温度下先将一定比例配制的熔盐混合物熔化并搅拌均匀，然后将基体材料浸入到具有一定温度的熔融熔盐中，经过接触、沉积和交换形成所需的涂层。熔盐法制备涂层比粉末包埋法快，因而生产效率较高，缺点就是制备的涂层厚度不均匀。

Tatemoto 等[92]采用熔盐法在 Mo 基体上制备了单一的 $MoSi_2$ 涂层。经 XRD 和 EDS 分析，涂层成分为 $MoSi_2$。Suzuki 等[91]采用熔盐法于 700～900℃ 在钼上制备了 $MoSi_2$ 涂层，800℃ 和 900℃ 时形成的是六方晶体结构的 $MoSi_2$，然而在 700℃ 时形成的 $MoSi_2$ 却是四方晶体结构。涂层能很好地抵抗低温时的"Pesting"现象，高温时，涂层中硅的扩散导致了在 $MoSi_2$ 涂层与基体间形成了 Mo_5Si_3 中间相。

1.3.3.5 等离子喷涂法

等离子喷涂法是利用等离子体热源将喷涂粉末加热至熔融状态或半熔融状态，并以一定的速度喷射和沉积到基体材料表面，形成具有各种功能的涂层的一种表面处理工艺。等离子喷涂法由于喷涂效率高、快捷修复失效涂层和易于实现工业化生产等特点，使其在涂层制备中更具有商业潜力。

奥地利攀时公司采用大气等离子喷涂法在钼制品上制备了 SIBOR 型涂层[93]。氧化环境中，涂层在 1250℃、1450℃ 和 1600℃ 下对钼制品的有效保护分别达到 5000 h、500 h 和 50 h，涂层表现出优异的高温抗氧化性能。

1.4　二硅化钼基涂层

1.4.1　二硅化钼概述

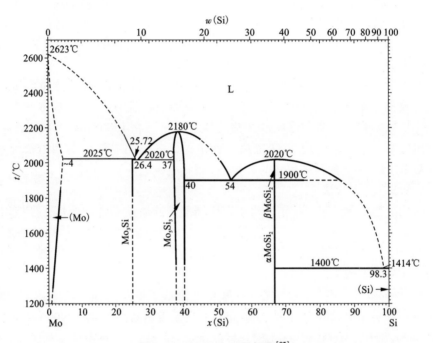

图 1 - 2　Mo – Si 二元相图[95]

　　从 Mo – Si 二元相图可以看到（图 1 – 2），硅和钼能形成三种金属间化合物，分别是 Mo_3Si、Mo_5Si_3 和 $MoSi_2$。二硅化钼呈灰色，具有金属光泽，是 Mo – Si 二元体系硅含量最高的一种中间相。二硅化钼具有两种晶体结构：C11b 型的四方晶体结构（t）和 C40 型的六方晶体结构（h）。1900℃ 以下为稳定的四方晶体结构，1900℃ 至熔点为不稳定的六方晶体结构。由于 C11b 型的晶体结构中的原子结合具有金属键和共价键共存的特性，所以二硅化钼呈现出金属和陶瓷的双重特性。

　　因此，二硅化钼具有较高的熔点（2030℃）、优异的抗高温氧化能力（在难熔金属硅化物中是最好的，其使用温度可达 1700℃）和耐腐蚀性能，良好的导电、导热性能 [电阻率约为 21.5×10^{-6} Ω·cm，热导率约为 45 W/(m·K)]，适中的密度（6.24 g/cm³）和低的热膨胀系数（7.8×10^{-6}/K）等。二硅化钼的韧脆转变温度(DBTT)一般在 900~1000℃ 范围内,在这个温度以下,二硅化钼硬而脆,具有较高的强度。当温度低于 1400℃ 时,其强度基本保持不变;但是当温度高于 1400℃ 时,强度急剧下降,呈现出金属般的软塑性。

1.4.2　二硅化钼的氧化性能

二硅化钼优异的高温氧化抵抗能力特别适于在氧化性气氛中使用。$MoSi_2$ 的氧化过程可能发生的反应为[96]:

$$\frac{5}{7}MoSi_2 + O_2 \longrightarrow \frac{1}{7}Mo_5Si_3 + SiO_2 \qquad (1-4)$$

$$\frac{2}{7}MoSi_2 + O_2 \longrightarrow \frac{2}{7}MoO_3 + \frac{4}{7}SiO_2 \qquad (1-5)$$

基于热力学计算可以得知反应(1-4)中的 ΔG 要比反应(1-5)的 ΔG 低[21]。因此,在热力学上反应(1-4)要优先于反应(1-5)发生,直到所有的 Si 被消耗掉并且 Mo_5Si_3 进一步氧化形成 Mo_3Si。在氧化环境中,Mo_3Si 进一步被氧化形成 MoO_3 和 SiO_2[97]。Liu 等[21]基于 $MoSi_2$ 氧化的动力学分析将 $MoSi_2$ 的氧化按温度分为 3 个阶段:

(1)低温阶段(400~600℃)。由于 $MoSi_2$ 低的体扩散系数,导致没有足量的 Si 用在其表面形成一层连续的 SiO_2 层,这将导致钼和硅的同时氧化[反应(1-5)]。MoO_3 的形成将引起明显的体积变化,从而加速后面的氧化并最终导致 "Pesting" 现象[20, 98-100]。

(2)中温阶段(600~1000℃)。这一阶段并没有发生 "Pesting" 现象,$MoSi_2$ 表面仍然没有形成连续致密的 SiO_2 层,此时的质量减少源于 MoO_3 的挥发,反应按方程(1-5)进行。

(3)高温阶段(>1000℃)。当温度高于 1000℃ 时,一层连续致密的玻璃态 SiO_2 层形成于二硅化钼表面,阻挡了环境中的氧对二硅化钼内部的进一步氧化,这个阶段所发生的反应按方程(1-4)进行。根据反应,一定量的 Mo_5Si_3 会在 SiO_2 下方形成,由于 Si 在 Mo_5Si_3 中的扩散速率远远高于 O 在 SiO_2 中的扩散速率,因此,Mo_5Si_3 不会进一步分解以提供 Si[101]。

Wirkus、Sharif 等[102, 103]对二硅化钼高温氧化行为的研究阐明了其高温抗氧化机理,主要是由于在高温下一层连续致密的 SiO_2 氧化物保护层形成于二硅化钼表面,从而阻止了环境中的氧对内部 $MoSi_2$ 的进一步氧化,其高温氧化遵循方程(1-4)。

1.4.3　二硅化钼涂层的制备方法

二硅化钼涂层的制备方法主要有化学气相沉积法[59,60,71-83]、包埋法[44,46,50-52,55,104]、料浆法[43,47-49,56,105]、熔盐法[66,67,91,92]、激光熔覆法[106,107]和等离子喷涂法[40,53,108-114]等，前面已介绍在钼上制备二硅化钼的方法和应用，这里就不详细介绍。

1.4.4　二硅化钼作为涂层材料应用的限制

（1）低温"Pesting"现象

低温阶段 $MoSi_2$ 氧化成 MoO_3 和 SiO_2 将引起明显的体积变化，在裂纹、孔洞或晶界处产生局部楔应力，进而导致 $MoSi_2$ 灾难性的"Pesting"，这将限制二硅化钼作为涂层材料的应用。研究人员对 $MoSi_2$ 进行了大量的研究以改善其低温的灾难性氧化[22,115-122]。研究表明，致密的（致密度 > 95%）、少缺陷的 $MoSi_2$ 材料在低温时不会发生"Pesting"现象。除此之外，可以对 $MoSi_2$ 在高温下进行预氧化形成一层 SiO_2 膜和通过引入其他元素（如 Ge、Cr、Al、B）能够有效地防止低温的"Pesting"现象。Cockeram 等[84]通过在 $MoSi_2$ 涂层中引入 Ge，提高了涂层低温的抗氧化性能。

（2）与基体的热膨胀不匹配问题

二硅化钼涂层与基体间的热膨胀系数之间的差别导致涂层较差的抗热震能力。从高温到低温的过程中，由于热应力的释放，将在涂层内部形成裂纹从而影响到抗氧化性能[6,7]。降低涂层中裂纹的一个简单方法就是通过引入低热膨胀系数的第二相来调整二硅化钼涂层的热膨胀系数。Maloney 等[123]报道了 SiC（4.0×10^{-6}/K）和 Si_3N_4（2.9×10^{-6}/K）相非常合适作为降低二硅化钼热膨胀系数的第二相，SiC 和 Si_3N_4 不仅与二硅化钼有很好的化学兼容性，而且不会降低二硅化钼的抗氧化性能。Choe、Hsieh 等[124,125]报道了通过热等静压制备的 $MoSi_2$ -（30% ~ 35%）（体积分数）Si_3N_4 复合材料的热膨胀系数与金属钼非常接近。Yoon 等[72-75,82]在钼基体上制备的 $MoSi_2/\beta$ - SiC 和 $MoSi_2/\alpha$ - Si_3N_4 复合涂层表现出很好的性能，涂层中的裂纹数量被大幅减少，说明制备的涂层的热膨胀系数已经非常接近基体钼的热膨胀系数。

（3）涂层中硅的热扩散

高温大气环境中，二硅化钼涂层一方面与氧发生反应，形成一层连续、致密的二氧化硅膜，阻挡氧的进一步氧化；另一方面通过固态扩散二硅化钼相逐渐转化成硅含量低的中间相——三硅化五钼相（Mo_5Si_3）和硅化三钼相（Mo_3Si），而这些新形成的中间相在高温氧化环境中不能在表面形成一层连续的抗氧化层。当二硅化钼相完全转化成了三硅化五钼相和/或硅化三钼相时，涂层失去了对氧的进一步阻挡作用，氧化将快速进行。

高温下，二硅化钼通过这种固态扩散方式，使涂层慢慢丧失了抗氧化性能，这将大大缩短二硅化钼作为涂层的使用寿命。因此，研究人员对这些形成于二硅化钼和钼之间的三硅化五钼和硅化三钼中间相的成长动力学展开了广泛的研究，从而对二硅化钼涂层使用寿命进行预测。

Yoon 等[80, 126]对 $MoSi_2/Mo$ 扩散偶进行研究时发现 Mo_5Si_3 和 Mo_3Si 层同时成长并服从抛物线型成长规律，说明中间硅化物层的成长是由扩散控制的。1250℃时 Mo_5Si_3 和 Mo_3Si 层抛物线成长率常数（K_p）分别为 8.33×10^{-11} cm^2/s 和 1.38×10^{-13} cm^2/s，在 1600℃ 时分别达到 3.54×10^{-9} cm^2/s 和 1.02×10^{-11} cm^2/s。Mo_5Si_3 层总厚度的 30% 是由 $MoSi_2$ 相变转化成的，剩下的 Mo_5Si_3 和少量的 Mo_3Si 层是由 $MoSi_2$ 分离出来的硅和基体钼发生扩散反应生成的。在 Mo_5Si_3 层观察到"Kirkendall"孔洞。通过用 ZrO_2 粒子作为标识的试验研究发现 Si 是在 Mo_5Si_3 和 Mo_3Si 层中扩散的唯一元素。Chatilyan 等[127]研究 $MoSi_2/Mo$ 扩散偶在高温下的扩散转变时发现中间相 Mo_5Si_3 层的成长动力学服从扩散控制的抛物线型成长规律，但是在 $MoSi_2$ 向 Mo_5Si_3 转变时没有同时生成 Mo_3Si 相。Kharatyan 等[128]基于反应扩散模型研究 Mo_3Si 在 Mo_5Si_3/Mo 扩散偶中的成长动力学，确定了 Mo_3Si 相的抛物线成长率常数（在 1180℃时，K_p 为 0.14×10^{-10} cm^2/s）和 Si 在 Mo_3Si 层中的扩散系数（在 1000℃时，D 为 1.4×10^{-11} cm^2/s）。Byun 等[129]通过用 ZrO_2 作为标记研究了 Mo - Si 二元系统的反应和扩散，在 1400℃ 下热扩散 1 h 后发现 $MoSi_2/Mo_5Si_3$ 的界面移向 $MoSi_2$ 层，而 Mo_5Si_3/Mo_3Si 的界面移向 Mo 基体。通过消耗 $MoSi_2$，Mo_5Si_3 和 Mo_3Si 层同时成长，结果表明在 Mo_5Si_3 和 Mo_3Si 层中主要的扩散元素是 Si 元素。

控制硅元素在高温下向基体的扩散速率，以提高涂层的服役寿命成为涂层设计的又一个关键问题。Mo_5SiB_2（T_2）相的相对原子堆垛密度要高于 Mo_5Si_3 相的原子堆垛密度[130, 131]，这使得在高温下硅元素在 Mo_5SiB_2 相中具有较低的扩散速率[132]。高温下，Mo_3Si 的成长速率为 Mo_5Si_3 的 10^{-2} 倍，在钼的硅化物中具有最低的成长速率[80, 126]。结合 Mo - Si - B 三元相图（图 1 - 3），通过对涂层结构的合理设计，如在涂层和基体间引入一层钼的硼化物层，基于动力学偏差使得高温下硅元素的扩散路径发生改变，在涂层与基体间形成 Mo_5SiB_2 相或 Mo_5SiB_2 和 Mo_3Si 混合相，以降低高温下硅元素的扩散速率，从而达到提高涂层的氧化抵抗性能。

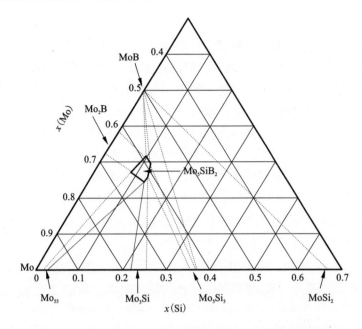

图 1-3　1600℃下 Mo-Si-B 富钼区域三元等温截面图[133]

1.4.5　硼化钼层

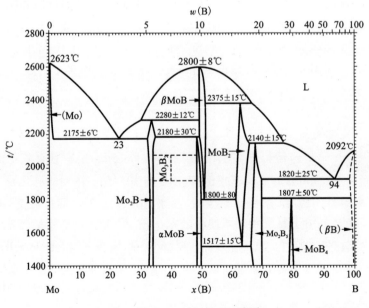

图 1-4　Mo-B 二元相图[134]

过渡族金属硼化物由于具有高的硬度、高温强度、抗腐蚀性能好、高的熔点、化学稳定性高、抗磨损性能好和电性能优异而被广泛的研究[135-140]。钼的硼化物作为硬质涂层材料或以 MoB/CoCr 涂层的形式应用于高温结构材料[135, 136, 141]。另外，MoB – MoSi$_2$ 或者 Mo$_2$B$_5$ – MoSi$_2$ 经常作为抗氧化复合材料或涂层[66, 136, 142]。从 Mo – B 二元相图上可以看到（图 1 – 4），Mo 和 B 之间能形成 6 种相——Mo$_2$B、α – 和 β – MoB、MoB$_2$、Mo$_2$B$_5$ 和 MoB$_4$[134]。MoB 具有两种晶体结构[143]：低温下具有四方晶体结构的 α – MoB，其中 B 的含量是 48.5% ~50.5%（原子分数）；在温度高于 1800℃ 时，MoB 的晶体结构转变为具有正斜方晶体结构的 β – MoB [49.0% ~51.0%（原子分数）B]。

MoB 部分物理化学性质如表 1 – 1 所示。

表 1 – 1　MoB 的物理化学性质

颜色	深灰色
分子式	MoB
分子量	106.75
密度（g/cm³）	8.65
熔点（℃）	2600
硬度（GPa）	23.0 ~24.5
电阻率（μΩ·cm）	50
空气的稳定性	MoB 的稳定性介于 Mo$_2$B 和 Mo$_2$B$_5$ 之间 *
溶解性	易溶于硫酸和硝酸的混合酸，在盐酸中也能慢慢地分解

* Mo$_2$B 对空气中氧的氧化作用呈现不稳定性，在 1000℃ 经历 100 h 完全被氧化，Mo$_2$B$_5$ 对空气中氧的氧化作用较稳定。

钼的硼化物的制备方法主要有机械化学法[144]、电化学法[66, 145]、水热法[135]、高温自蔓延合成法（SHS）[136, 137] 和原位置换反应法[142]。

Mo$_2$B 在盐酸中稳定，易溶于硝酸（甚至在冷时），加热时溶于硫酸，并易被碱熔融分解。MoB 易溶于硫酸和硝酸的混合酸，在盐酸中也能慢慢地分解。加热时 Mo$_2$B$_5$ 很快完全溶于硝酸、王水中，以及饱和草酸、过氧化氢和硝酸的混合物中，氢氟酸和硝酸的混合酸中。

Mo$_2$B 为灰色的粉末，用电解法制得的 Mo$_2$B 为片状的有光泽的微晶体。针状的 MoB 颜色稍深些。所有的硼化钼均易氧化。

1.5　研究思路和主要研究内容

难熔金属钼高温强度高，抗蠕变、热膨胀系数低，导热性能和耐腐蚀性好，在航空航天、电子、冶金和玻璃工业等具有广泛的应用前景。然而在高温氧化环境下，钼极易受到氧化，使用寿命大大缩短，这在很大程度上限制了钼及其合金的高温应用，研究并提高钼及其合金的高温抗氧化性能有着重要的意义。

近年来，国内外研究人员通过各种方法在钼及其合金表面制备高温抗氧化涂层，以提高钼及其合金的高温抗氧化性。研究主要集中在硅化物涂层，包括单一的硅化物涂层和复合的硅化物涂层。

虽然在钼及其合金的高温抗氧化方面做了大量的工作，但仍然存在一些问题需要解决，例如涂层与基体在高温时的扩散问题等。近年来的研究表明，单一的 $MoSi_2$ 涂层存在诸多问题，为获得理想的综合性能，应该从热力学、动力学方面着手研究并建立相应的涂层失效机制，并开发复合涂层和结构梯度涂层体系。目前金属钼上高温抗氧化涂层的制备工艺各有优缺点(如制备简单但耗时太长)，难以满足现代工业的快速发展。另外，高温下二硅化钼涂层中的硅元素向基体钼进行扩散，形成富钼相硅化物，大大降低了其作为抗氧化涂层的使用寿命。因此，通过发展高效的涂层制备技术，同时基于扩散动力学偏差，从涂层的结构设计入手，改变高温下硅元素的扩散路径，延缓涂层与基体间的扩散，提升涂层的使用寿命，具有重要的理论和实践意义。因此，主要致力于钼基体上二硅化钼涂层的快速制备和结构设计，研究涂层的氧化抵抗能力，阐述其氧化机理，重点解决高温下涂层与基体间的扩散，阐明扩散阻挡层对硅元素扩散的影响。

基于研究现状，开展以下几个方面的研究工作：

(1)以喷雾干燥和真空热处理工艺制备的球形团聚二硅化钼粉末作为喷涂原料，系统地研究大气等离子喷涂工艺参数对涂层组织结构和性能的影响。

(2)采用原位化学气相沉积法在钼表面制备硼化钼层，研究制备工艺参数对硼化钼层成长动力学的影响。

(3)通过原位化学气相沉积法在钼表面分别制备单一的二硅化钼涂层和二硅化钼/硼化钼复合涂层，研究不同工艺参数下二硅化钼层的成长动力学规律。

(4)通过考察钼基涂层在高温环境下的氧化行为及涂层相与组织的演变规律，阐明高温抗氧化机理。

(5)基于反应扩散模型，研究中间相(三硅化五钼)层的成长动力学，以揭示二硅化钼涂层中硅元素的扩散机制。

(6)通过在二硅化钼和基体钼间引入一层扩散阻挡层——硼化钼层，研究硼化钼层对涂层中硅元素扩散的影响和此时中间相(三硅化五钼)层的成长动力学，阐明硼化钼层延缓硅元素扩散的机理。

第 2 章　实验方案与方法

2.1　实验材料

实验所用材料列于表 2 – 1 中。

表 2 – 1　实验材料

名称	化学式	纯度	生产厂家	备注
钼粉	Mo	≥99.9%	株洲硬质合金集团有限公司	粒度为 2.8 ~ 3.2 μm
硅粉	Si	工业纯	—	<300 目
硼粉	B	≥99%	上海晶纯生化科技股份有限公司	15 ~ 60 μm
氟化钠	NaF	分析纯	国药集团化学试剂有限公司	
氧化铝	Al_3O_3	分析纯	西陇化工股份有限公司	
硅溶胶	$mSiO_2 \cdot nH_2O$	—	—	
钼棒	Mo	—	—	

2.2　实验仪器

实验所用仪器列于表 2 – 2 中。

表 2 – 2　实验仪器

仪器	型号	生产厂家
电子天平	JY	上海浦春计量仪器有限公司
电子天平	BSA124S	赛多利斯科学仪器有限公司
超声波清洗器	KQ2200	昆山市超声仪器有限公司

续上表

仪器	型号	生产厂家
电热恒温干燥箱	202	北京市永光明医疗仪器厂
行星球磨机	QM – BP	南京大学仪器厂
镶嵌机	XQ – 2B	莱州市蔚仪实验器械制造有限公司
磨抛机	MP – 2	莱州市蔚仪实验器械制造有限公司
管式电阻炉	SK – 6 – 13	长沙市中华电炉厂
管式电阻炉	SK_2 – 6 – 10	科鑫炉业有限公司
箱式电阻炉	SX – 12 – 16	科鑫炉业有限公司
真空烧结炉	JTZKS – 100	长沙久泰冶金工业设备有限公司
高温自蔓延设备	—	—
大气等离子喷涂系统	APS – 2000	北京航空工艺研究所

2.3　制备方法

2.3.1　大气等离子喷涂法

(1)将钼粉和硅粉按原子比配比称量，放入球磨机中球磨混料 12 h，然后置于高温自蔓延设备(SHS)中合成二硅化钼。将合成好的二硅化钼放入球磨机中进行破碎处理，然后对二硅化钼粉末进行雾化干燥造粒处理、真空热处理和分级处理，得到大气等离子喷涂用的粉末喂料。

(2)将钼棒加工成所需尺寸，然后进行喷砂、超声波清洗、除油和烘干处理备用。

(3)通过大气等离子喷涂法对准备好的基体表面进行喷涂处理，从而在钼基体表面制备得到二硅化钼涂层。

具体的制备流程如图 2 – 1 所示。

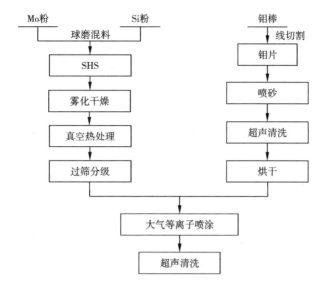

图 2 - 1 大气等离子喷涂法制备二硅化钼涂层流程图

2.3.2 原位化学气相沉积法

(1)将硼粉(或硅粉)、氟化钠和氧化铝按比例称量,置于球磨机中进行 24 h 混料,得到所需混合粉末。

(2)将钼棒加工成所需尺寸,然后进行磨抛、超声波清洗、除油和烘干处理备用。

(3)将混合粉末和基体材料装入刚玉坩埚并用氧化铝盖和氧化铝基黏结剂进行密封,随后进行干燥处理,最后置于管式炉中进行高温处理,在钼基体表面制备得到所需涂层(硼化钼层和二硅化钼层)。

具体的工艺流程如图 2 - 2 和图 2 - 3 所示。

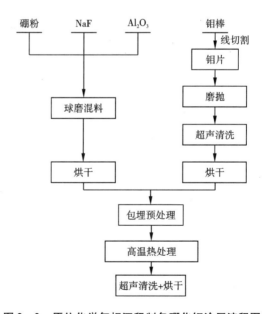

图 2 - 2 原位化学气相沉积制备硼化钼涂层流程图

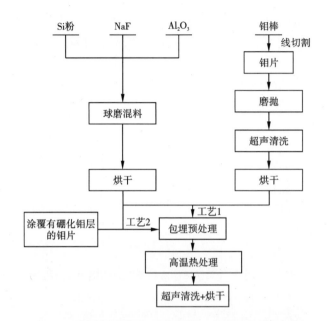

图 2-3 原位化学气相沉积制备二硅化钼涂层流程图

工艺 1—制备二硅化钼涂层；工艺 2—制备二硅化钼/硼化钼复合涂层

2.4 样品表征

2.4.1 形貌结构和成分表征

（1）采用日本理学 D/max-2500 型 X 射线衍射仪（XRD）表征样品的物相和结构特征，测试电压为 40 kV，扫描速度为 10°/min。

（2）采用 FEI Quanta-200 型环境扫描电子显微镜观察样品表面形貌和截面结构特征，并使用其配备的 EDS 能谱仪进行样品成分分析。

（3）采用电子探针能谱仪 JXA-8230 对涂层样品截面的元素分布进行定性和定量分析。

2.4.2 性能表征

（1）根据 GB 1479—84 测定金属粉末松装密度的标准，采用霍尔流速计测定粉末的松装密度。

（2）根据 GB 1482—84 测定金属粉末流动性的标准，采用霍尔流速计来测量粉末的流动性，以 50 g 粉末流过指定孔径($\phi 2.5$ mm)的标准漏斗所需要的时间来表示，重复测量 3 次，取其平均值。时间记录精确到 0.2 s。

（3）采用英国马尔文公司的 Micro-plus 型激光衍射粒度分析仪对粉末进行粒度分析。

（4）根据 ASTM C633 测定涂层结合强度的标准来测定涂层与基体间的结合强度，其示意图如 2 - 4 所示。在基体试样($\phi 25$ mm × 5 mm)的一个端面上喷涂二硅化钼涂层，另一个端面进行喷砂处理，并用 E - 7 高温胶将两个端面与夹具黏接在一起，在 100℃ 下固化处理 3 h，随后冷却到室温。采用 Instron 3369 电子万能拉伸机，以 1 mm/min 的加载速率对二硅化钼涂层与基体钼间的结合强度进行测试。实验值为同组工艺条件下 5 个试样结合强度测试值的算术平均值，涂层拉伸强度由如下公式计算得到：

$$\sigma_f = \frac{F}{A} = \frac{4F}{\pi D^2} \qquad (2 - 1)$$

式中：F 为涂层断裂时的拉伸力，N；D 为试样的直径，mm。

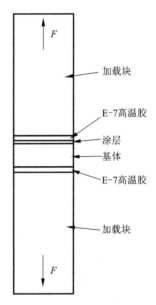

图 2 - 4　结合强度测试方法示意图

（5）采用 HVS - 1000 型维氏硬度仪对大气等离子喷涂得到的涂层进行硬度测量。对抛光后的涂层截面上进行压痕测试，载荷为 0.49 N，保持时间为 15 s，取 5 个不同位置进行压痕测试，以获得具有代表性的涂层的硬度，然后取其平均值作为涂层的硬度；采用 Ultra Nanoindentation Testing(UNHT) 纳米压痕测试仪对原位化学气相沉积得到的涂层进行硬度和弹性模量测试。对抛光后的涂层横截面上进行压痕测试，采用锥形压头，最大载荷为 20 mN，保持时间为 10 s。取 5 个不同位置进行压痕测试，以获得具有代表性的涂层的硬度和弹性模量。保持压痕间具有足够的距离，以保证压痕测试过程不受邻近压痕的影响，取其平均值作为涂层的硬度和弹性模量值。

（6）涂层孔隙率和厚度的测量(图 2 - 5)是通过 Image-Pro Plus 软件分别在 15 张涂层截面的 SEM 照片上进行，然后取其平均值。

（7）氧化试验分别在管式电阻炉(600℃)和箱式电阻炉(1200℃和1300℃)中进行。氧化试验前将刚玉舟置于箱式电阻炉中在 1400℃ 大气环境中烧至恒重。试验过程中，每隔一定时间将样品取出冷却称重，然后重新放入炉中继续进行氧化，直至到预定氧化时间。

（a）大气等离子喷涂制备的二硅化钼涂层试样（ϕ18 mm × 5 mm）在1200℃进行 5 ×5 h 的氧化试验。

（b）原位化学气相沉积制备的硼化钼涂层试样（ϕ18 mm × 2 mm）在600℃下进行 100 h 的氧化试验。

（c）原位化学气相沉积制备的二硅化钼和二硅化钼/硼化钼涂层试样（ϕ18 mm × 2 mm）在1200℃和1300℃下分别进行 100 h 和 80 h 的氧化试验。

所有氧化试验均采用 3 个试样做平行实验，结果取平均值，称量天平精度为 0.1 mg。

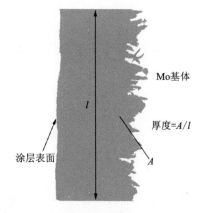

Mo基体

厚度=A/l

涂层表面

A

l

图 2 −5　涂层厚度测量方法示意图

第 3 章　大气等离子喷涂制备二硅化钼涂层

3.1　引言

　　大气等离子喷涂技术是当今世界应用最为广泛的热喷涂技术之一。该技术的特点是焰流温度高、速度快和冲击力大，这种高速强力的冲击可以显著提高涂层与基体间的结合强度。大气等离子喷涂的工艺参数，如主气体流量（Ar 或 N_2）、喷涂功率、喷涂距离以及送粉量等，能够改变喷涂粉末颗粒在等离子焰流中的"滞留"时间、飞行速度以及温度，进而最终影响到制备的涂层质量（涂层微观结构的均匀性、力学性能及服役性能）。因此，合理的工艺参数能够制备出高性能的涂层。另外，喷涂粉末的特性也是影响涂层质量的关键性因素。

　　本章以自蔓延合成的二硅化钼粉末结合喷雾团聚和真空热处理制备的球形二硅化钼粉末为喷涂喂料，研究喷涂工艺参数与制备的 $MoSi_2$ 涂层的微观组织结构和性能之间的内在关系[146]。

3.2　实验过程

3.2.1　基体材料的准备

　　基体材料为钼棒材，采用线切割的方式将钼棒加工成两种规格尺寸的试样（$\phi25$ mm $\times 5$ mm—1#试样和 $\phi18$ mm $\times 5$ mm—2#试样）。1#试样用于测试大气等离子喷涂二硅化钼涂层的结合强度；2#试样用于测试大气等离子喷涂二硅化钼涂层的微观结构、硬度和高温抗氧化性能。为了改善二硅化钼涂层与基体钼之间的结合强度，所有的试样（包括 1#和 2#试样）在喷涂前须经过喷砂、超声波清洗、除油和烘干等处理。具体步骤是先将加工好的钼基体试样用粒度为 $0.7 \sim 1.0$ mm 的棕刚玉砂在压力为 $0.6 \sim 0.8$ MPa 的压缩空气下进行喷砂处理（去除试样表面的氧化皮并使基体表面达到粗化）；然后将试样用无水乙醇在超声波清洗器中清洗除去表面的粉尘；最后将试样吹干并放入干燥皿中备用。

3.2.2 大气等离子喷涂粉末的制备

3.2.2.1 自蔓延高温合成二硅化钼粉末

以钼粉和硅粉为原料,按照 Mo 和 Si 的原子比为 1:2 的配比称量,置于行星式球磨机中混合 12 h。将混好的粉末用自制的高温自蔓延合成设备在真空环境下合成 $MoSi_2$,然后通过行星球磨机对合成好的 $MoSi_2$ 破碎处理备用(转速为 200 r/min,球料比为 5:1,时间为 5 h)。

3.2.2.2 团聚二硅化钼粉末的制备

采用 LX-10 型离心喷雾造粒干燥设备将自蔓延合成破碎后的二硅化钼粉末进行团聚雾化造粒处理。喷雾造粒的工艺参数见表 3-1。

表 3-1 喷雾造粒的工艺参数

球形 $MoSi_2$ 粉末	离心雾化器转速(r/min)	进料温度 (℃)	干燥进口温度 (℃)	干燥出口温度 (℃)
1	18000	25	280	100

热处理工艺:将雾化干燥团聚的二硅化钼粉末用刚玉坩埚在高温真空炉中进行热处理,处理条件为室温升到500℃,保温90 min,升温速率为10℃/min;然后继续将温度升到1300℃,保温60 min,升温速率为7℃/min;最后随炉冷却到室温,取出处理好的粉末过筛,得到 -200 ~ +325 目粒度的球形二硅化钼粉末备用。

3.2.3 大气等离子喷涂制备二硅化钼涂层

以自蔓延合成的二硅化钼粉末结合喷雾团聚和真空热处理制备的球形二硅化钼粉末为喷涂喂料,采用大气等离子喷涂法在钼基体表面制备二硅化钼涂层。该系统由 K-800 型电源、APS-2000K 型控制柜、FL-1 型热交换器、PQ-1S 等离子喷枪、气体供给系统和 DPSF-2 型送粉器组成。

3.3 自蔓延高温合成二硅化钼粉末特性

图 3-1 为自蔓延高温合成的二硅化钼粉末的 XRD 衍射图谱。可以看出,得到的二硅化钼粉末由四方晶体结构的 $MoSi_2$ 相组成。经球磨破碎后的 $MoSi_2$ 粉末

为不规则的颗粒状，且颗粒较细，流动性能非常差，不适合直接用于喷涂，需要进行后续处理才能使用。

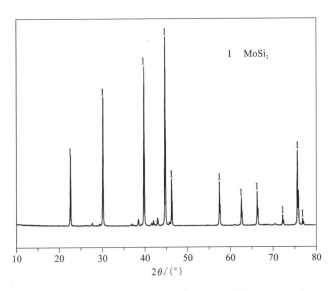

图 3 - 1　自蔓延高温合成的二硅化钼粉末的 XRD 图谱

3.4　团聚球形二硅化钼粉末的制备

为了使喷涂粉末能够顺利地通过送粉器进入等离子焰流，喷涂用的粉末材料应该具有良好的流动性能，而流动性能良好的球形颗粒能提高等离子喷涂的沉积效率[147]。为了克服自蔓延高温合成并破碎后 $MoSi_2$ 粉末流动性差的缺点，需对粉末进行造粒处理。具体工艺包括以下 3 个步骤：

（1）配制具有一定浓度的粉体料浆。将球磨破碎的二硅化钼粉末（75%）与 4% 聚乙烯醇的水溶液相混合，并进行超声分散处理，然后置于行星球磨机中球磨处理，得到组分均匀的料浆备用。

（2）雾化造粒。通过雾化造粒设备进行喷雾造粒处理，得到所需的球形颗粒。

（3）致密化热处理。真空环境下对造粒得到的球形颗粒进行高温热处理，进一步提高粉末的密度和强度。

3.4.1 雾化造粒后二硅化钼粉末的特性

图 3-2 为雾化造粒后团聚二硅化钼粉末的 XRD 图谱。从图谱中可以看出，与自蔓延高温合成的二硅化钼粉末（图 3-1）相比，经过喷雾干燥后粉末的物相成分没有发生变化。

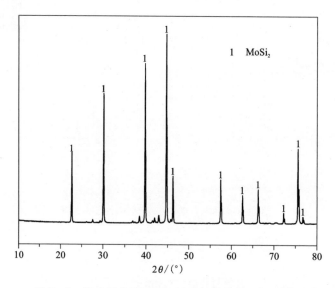

图 3-2　雾化造粒后团聚二硅化钼粉末的 XRD 图谱

图 3-3 为雾化造粒后团聚二硅化钼粉末的 SEM 照片。从图 3-3(a)中可以看出，雾化造粒得到的团聚粉末球大多数呈球形，具有较好的流动性。球形团聚二硅化钼粉末是由许多不规则形状的细小二硅化钼粉末粒子通过黏接剂结合在一起形成的颗粒，单个球形团聚颗粒表面较粗糙，如图 3-3(b)和图 3-3(c)所示。细小的粉末颗粒间的结合仅仅是通过有机黏接剂的作用而黏接在一起，因此团聚体粉末中细小二硅化钼颗粒间的结合力较弱，并且细小颗粒间存在较多的孔隙，甚至少部分的球形团聚粉末出现了破裂。如果不对雾化造粒后的团聚粉末颗粒进行高温热处理而直接喷涂，那么在喷涂过程中团聚体粉末可能会出现"发飘"现象，或者在经过等离子喷枪熔化后的雾滴可能呈现"雾状"，这将降低喷涂粉末的沉积效率和涂层质量。因此，雾化造粒后的团聚体粉末必须进行热处理，以进一步提高团聚体粉末内部细小颗粒间的结合力和颗粒的流动性。

图 3 - 3　雾化造粒团聚二硅化钼粉末的 SEM 照片
(a)团聚二硅化钼粉末的形貌；(b)和(c)单个团聚二硅化钼形貌

3.4.2　热处理后的团聚二硅化钼粉末

图 3 - 4 为真空热处理后团聚二硅化钼粉末的 XRD 图谱，与雾化造粒后的粉末衍射结果(图 3 - 2)比较可以看出，粉末的组成成分发生了变化，由 $MoSi_2$ 主相和少量的 Mo_5Si_3 相组成。Mo_5Si_3 相的出现可能是在热处理过程中，$MoSi_2$ 粉末发生了轻微的氧化。

图 3 - 5 为真空热处理后雾化造粒团聚二硅化钼粉末的表面形貌，与未经热处理的二硅化钼粉末(图 3 - 3)相比，经过热处理后团聚二硅化钼颗粒的表面形貌变化不大。颗粒内部的细小二硅化钼粒子在高温热处理过程中发生了扩散，微颗粒间的接触增加，接触面积也在逐步增加。随着时间的推移，细小颗粒间的连接部位将得到进一步成长，这将增大颗粒间的接触面积，最后在细小颗粒间只剩下局部存在的一些不连续的孔洞[图 3 - 5(c)]。

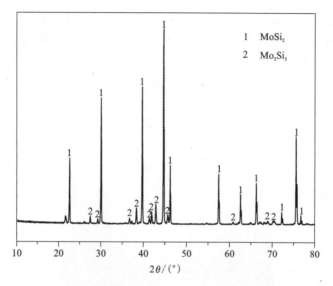

图 3 – 4　高温热处理后团聚二硅化钼粉末的 XRD 图谱

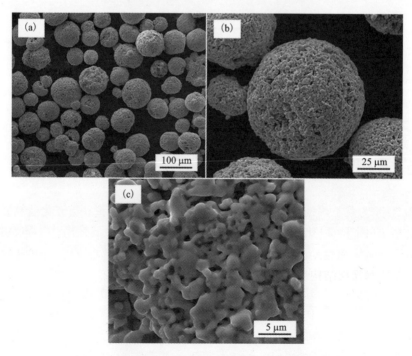

图 3 – 5　高温热处理后团聚二硅化钼粉末的 SEM 照片

图 3-6 为热处理并过筛后二硅化钼粉末的粒度分布图。从图中可以看到，粒度主要分布在 42~88 μm，平均粒径为 63.53 μm，粒度符合等离子喷涂的要求。此时二硅化钼粉末的松装密度为 1.65 g/cm³，流动性为 38.5 s/50 g。

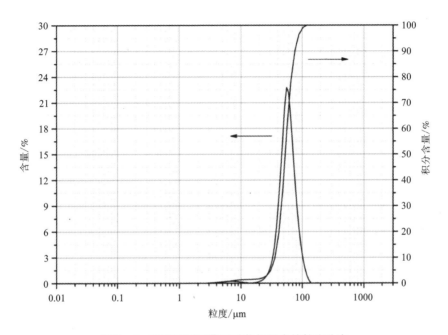

图 3-6　热处理后团聚二硅化钼粉末的粒度分布

3.5　二硅化钼涂层的制备

本节主要通过大气等离子喷涂法在准备好的钼基体上进行喷涂制备二硅化钼涂层。喷涂采用的粉末原料为球形团聚二硅化钼粉末，由于喷涂工艺参数直接影响到涂层的组织和性能，因此需要着重考察喷涂功率、主气氩气的流量和喷涂距离对涂层相和涂层结构的影响，具体喷涂工艺参数见表 3-2。

表 3 - 2   大气等离子喷涂工艺参数

二硅化钼涂层	功率(kW)	氩气流量 (L/min)	关键等离子喷涂 参数 CPSP	喷涂距离 (mm)
MSi - 1	30	40	750	80
MSi - 2	30	50	600	80
MSi - 3	32.5	40	812.5	80
MSi - 4	32.5	50	650	80
MSi - 5	30	40	750	120
MSi - 6	30	50	600	120
MSi - 7	32.5	40	812.5	120
MSi - 8	32.5	50	650	120
MSi - 9	35	40	875	100

3.5.1　喷涂工艺参数对二硅化钼涂层组织和结构的影响

图 3 - 7 给出了在不同喷涂工艺下制备的二硅化钼涂层表面的 X 射线衍射图谱，从分析结果可以看出，在不同的喷涂工艺下，涂层都是由 $MoSi_2(t)$、$MoSi_2(h)$ 和 $Mo_5Si_3(t)$ 相组成，并且 $MoSi_2(h)$ 相为主相。根据相图可以知道，$MoSi_2(t)$ 相在温度超过约 1900℃时会发生相变转换为 $MoSi_2(h)$ 相。喷涂原始粉末由 $MoSi_2(t)$ 主相和少量的 $Mo_5Si_3(t)$ 相组成。喷涂过程中，由于焰流温度很高，颗粒中 $MoSi_2(t)$ 相会转变为 $MoSi_2(h)$ 相。尽管 $MoSi_2(h)$ 相是不稳定的相，但由于喷涂粒子碰到基体后快速冷却(冷却速率通常达到约 10^6 K/s)[109, 112]，使得 $MoSi_2(h)$ 相得以保存下来。通过热处理工艺，高温六方晶体结构的 $MoSi_2(h)$ 逐步向四方晶体结构的 $MoSi_2(t)$ 转变[111]。另外一方面，相对原始喷涂粉末，涂层中的 Mo_5Si_3 相的峰的强度值都有所增加，这是由于在大气等离子喷涂过程中熔融状态的二硅化钼与空气中的氧气发生了反应(方程 1 - 4)，生成了 Mo_5Si_3 相和非晶态的 SiO_2[113]。而在氧化环境中三硅化五钼相具有非常差的氧化抵抗能力[148]。在 484 ~ 1600℃一个大气压下的氧气环境中，三硅化五钼表面并不能形成一层连续的 SiO_2 保护层，从而造成三硅化五钼的大量氧化[149]。在 1650℃下，三硅化五钼表面会形成多孔的氧化膜，这将造成钼的大量氧化损失[150]。然而，一定含量的三硅化五钼并不会影响到二硅化钼的高温抗氧化性能。Schneibelet 等[151]研究了 Mo_5Si_3 - $MoSi_2$ 复

合硅化物在大气环境中的高温循环氧化。当三硅化五钼的含量多达 79.1%（质量分数）时，Mo_5Si_3 – $MoSi_2$ 复合硅化物在 1400℃ 氧化 1 h 时，质量几乎保持恒定不变。

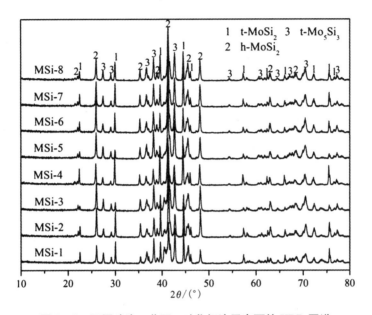

图 3 – 7　不同喷涂工艺下二硅化钼涂层表面的 XRD 图谱

图 3 – 8 和图 3 – 9 分别是在不同喷涂工艺下得到的二硅化钼涂层表面和截面的形貌。二硅化钼涂层是由熔融的二硅化钼颗粒连续撞击基体而逐渐堆积形成，涂层表面是由完全展平的层片、具有一定表面粗糙度的不充分展平层片的凸起、孔洞、球形特征和一些微裂纹组成，这是等离子喷涂典型的特征。熔融颗粒撞击基体表面时产生熔滴的飞溅，从而形成较小的熔滴，这些较小的熔滴在涂层表面上重新沉积，从而形成了表面上的这些球形特征。从涂层的表面和截面形貌可以看出，在喷涂距离为 80 mm 的情况下，粒子的熔化程度较差，这是因为喷涂距离过小，粉末还未来得及熔化；当喷涂距离增加到 120 mm 时，涂层表面展平较好，而且组织较致密。随着喷涂距离进一步增加，将会降低粉末颗粒到达基体表面的温度、速度以及熔化程度，最终导致粒子的铺展性及相互间的结合力较差，并形成较多的空隙。

图 3 – 8　不同喷涂工艺下二硅化钼涂层表面形貌的 SEM 照片

（a）~（h）分别对应 MSi – 1 ~ MSi – 8

图 3 - 9　不同喷涂工艺下二硅化钼涂层截面的 SEM 照片

（a）~（h）分别对应 MSi - 1 ~ MSi - 8

在等离子喷涂过程中，涂层的微观组织强烈地依赖于喷涂工艺条件。当充分熔融的喷涂颗粒与基体发生碰撞时，由于突然的减速，在颗粒与基体的表面产生了一个压力接触。颗粒内部的高压迫使熔融材料流动或者塑性固体材料变形。熔滴从接触位置开始向外铺展并形成一个层片。飞行颗粒的动能向黏性变形和表面能的转化导致了熔滴在基体或已沉积颗粒表面的铺展[152]。层片的形成过程主要取决于在与基体表面或已沉积涂层表面碰撞时熔融粒子的速度、大小、熔融状态、物质的化学组成和角度。同时它也受基体表面的形貌、温度和活性的影响[153]。这个过程将决定喷涂涂层的微观结构和宏观特征。从图中可以看出，部分颗粒处于未熔融或部分熔融状态，以致粉末颗粒中的起始空隙被保留到涂层中。而且，一些碰撞颗粒的未完全展平使得在层片下形成气孔。

3.5.2　喷涂工艺对二硅化钼涂层性能的影响

表3-3列出了在不同喷涂工艺下制备的二硅化钼涂层的硬度和孔隙率，结合表3-2可以看出，总的来说，孔隙率随着喷涂功率的增加在不断减小，随着主气氩气流量的增加而增加。在低的喷涂功率时，得到的等离子火焰温度较低，从而引起喷涂粒子加热不足，这将降低涂层与基体间的结合力、硬度和沉积效率，而使得涂层间的孔隙率增大。

表3-3　不同喷涂工艺下二硅化钼涂层的硬度和孔隙率

二硅化钼涂层	硬度 HV_{50}	孔隙率（%）
MSi-1	1211	33.2
MSi-2	1125	35.86
MSi-3	1362	28.73
MSi-4	1322	28.95
MSi-5	1302	30.42
MSi-6	1264	32.89
MSi-7	1303	29.72
MSi-8	1228	33.6
MSi-9	1456	10.6

喷涂功率对涂层的最终性能有着最大的影响，而其他参数，如喷涂距离、氩气流量等被认为是次重要的影响因素[154]。

在大气等离子喷涂的二硅化钼涂层中，空隙可能是层片间的空隙或者是层片内的空隙。层片间的空隙主要形成于层片的任意堆积，而在凝固过程中发生的体积变化导致了层片内的空隙[155]。此外，还存在几个可能的原因导致在涂层内形成空隙，如由于热应力引起的层片卷起、沉积过程中空隙的不完全填充、喷涂期间存在未熔融颗粒、熔融粒子的铺展过程中由于熔滴在已凝固的层片上的过冲撞导致层片破裂形成细小的熔滴、喷涂过程中在层片之间卷入的气体。当喷涂粉末撞击基体时，它们中的一些熔融颗粒由于不具有足够的动能形成层片，这些熔融颗粒就留在基体表面[156]。在随后的沉积过程中，这些黏附的球形颗粒在被覆盖后组成了涂层的一部分。

从目前的检测结果中可以发现在涂层中存在着不同类型的空隙。这些较小空隙的形成是由于喷涂粉末颗粒与气体介质相互作用的结果。那些内部包含有气体的熔融颗粒在它们沉积的过程中气泡被保留在涂层。因此，使得空隙在局部聚集，并且在尺寸上总体与大的微观空隙相当。另外，这种类型的空隙也可能是由于在熔滴沉积时内部气体的释放造成的。那些较大的空隙可能是由于熔融液滴在基体或已形成的涂层表面的不完全填充重叠和浸润而形成的；或者是由于熔滴与未完全熔化粒子的不充分扁平化形成的边界处空隙。这些空隙具有不同的尺寸大小和极其复杂的形状[157]。

大气等离子喷涂的二硅化钼涂层的微观结构会随着喷涂的工艺条件的不同而发生变化。主要是由工艺引起的总的孔隙率、层片间孔隙的形状和大小、未熔融颗粒的改变。就目前的喷涂工艺而言，大量熔融粒子并没有完全充填表面的不规则区域，从而导致在层片间空隙的形成。而且，未熔融或部分熔融的颗粒的存在产生了较大的空隙，由于这些颗粒并不能很好的铺展成层片，因此与其他颗粒只有较小面积的接触。

图 3-10 是在不同喷涂工艺条件下制备的二硅化钼涂层的孔隙率和硬度之间的关系图。从图中可以看出，随着孔隙率的增加，二硅化钼涂层的硬度是在不断的降低。在压痕过程中，在压痕下方会形成一个复杂的弹塑性区域。当在压痕下方存在空隙或者相当的缺陷时，在邻近的地方会产生一个多向的应力状态，并造成局部的应力集中。空隙的存在降低了载荷的有效承力面积，在没有抵抗的情况下吸收了变形，因此降低了涂层的硬度[158]。

大气等离子喷涂涂层的结合包括涂层与基体间的结合和涂层自身内部的结合。涂层与基体间的黏结力称为结合力，涂层自身内部的黏结力称为内聚力。目前，一般认为涂层与基体表面的结合和涂层内部的结合相似，其机理包括机械结合、物理结合和冶金结合3种类型，而以机械结合为主[154, 159]。

（1）机械结合

在喷涂过程中具有一定动能的熔滴与基体发生碰撞，经过剧烈变形为扁平状层片并随着凹凸不平的基体表面或已沉积颗粒相互嵌合，形成的抛锚效应（机械

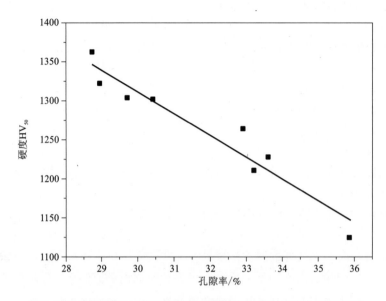

图 3 - 10　不同喷涂工艺二硅化钼涂层的孔隙率和硬度之间的关系

联锁)。通常而言,涂层与基体间的结合主要以机械结合为主。然后,基体的粗糙度和熔融粒子与基体表面的润湿性会影响到这种结合的程度。越粗糙的基体表面,机械嵌合越好,结合强度也就越高。同时,喷涂粒子必须具有足够的塑性、高的撞击速度、低的黏度和好的润湿性能,只有这样,当熔融粒子碰撞到粗糙度大的基体表面就容易形成强的结合。

(2)物理结合

这种结合是指粒子与基体表面通过范德华力或次价键形成的结合。其机理是受扩散结合控制的,根据菲克定律,随着接触温度的升高其扩散性也是在不断增加的。通过基体的预热能使其到达最大。当熔滴高速撞击基体表面时,变形黏附而使分子间的距离进入范德华力的作用范围,从而形成这种物理结合。因为较小的扩散深度(通过快速凝固造成的),在等离子喷涂涂层的结合机理中,这种扩散黏结起到的作用是非常小。

(3)冶金结合

这种结合是指涂层和基体表面发生了化学反应(扩散和合金化)而在两者界面处形成固溶体或金属间化合物时形成的结合,通常不会出现在等离子喷涂制备的涂层中。

冶金结合的组织特征有3种情况:

(a)晶内结合。涂层与基体在界面上形成共同晶粒。

（b）晶间结合。未形成共同晶粒，而是各自的晶粒互相接触（但有一定扩散）。

（c）在界面处发生化学反应形成金属间化合物。

一般而言，涂层和基体间的冶金结合的主要形式是晶间结合。

通过调整接触扩散率能够改变涂层与基体的冶金结合。涂层与基体表面发生反应在结合面上形成了一薄层反应层，通过形成冶金结合能够在分子尺度上改善涂层与基体间的结合。这种结合机制可以更详细地分为微黏结和宏黏结。微黏结是指结合发生在非常小的表面面积，通常是喷涂粉末单一颗粒的大小。而宏黏结的结合面积要比微黏结大很多（10~100 倍的接触面积），宏黏结与基体表面的宏观粗糙度有关。

如前所述，喷涂粉末颗粒与基体间、喷涂粉末颗粒间的微黏结不是完全的机械结合。喷涂颗粒间的大部分结合是在微黏结等级，在涂层形成后没有在大面积上产生结合，这主要是由于收缩。因为每个喷涂颗粒在撞到基体表面时会发生铺展变平，到一定程度后就会发生收缩。开始的收缩会发生在当喷涂颗粒从液态向固态的转变过程中。另外在固态时收缩还在进行，由于颗粒温度的进一步降低会产生一般的热收缩。单个颗粒的收缩并不能造成多大应力，至少不足以破坏微黏结。大量的迹象表明在喷涂颗粒与基体之间和邻近的颗粒之间具有强的初始薄膜黏结[160]。

这种结合可能是非常强的、非机械的并发生在分子尺度，但不是通常所指的冶金结合。

喷涂工艺参数对涂层的力学性能有较大的影响，如涂层与基体间的结合强度。然而，实际上是在不同喷涂工艺下得到的涂层组织影响着涂层与基体间结合强度[161]。从涂层的表面和截面形貌可以看出，涂层中未熔融的喷涂颗粒的数量和孔隙率都相对较高。由于颗粒间结合较弱，未熔融颗粒的存在将降低涂层的结合强度。由于阴影效应，未熔融颗粒的存在也会导致涂层孔隙率的上升。而且，部分熔融颗粒的再黏结和局部塑形变形引起的应力释放都会影响到结合强度[162]。

涂层的结合强度同时也强烈地依赖于基体的预热温度、表面形貌和表面形成的氧化物的比例。通过等离子火焰可以将基体进行预热，须根据喷涂工件的大小和厚度进行控制，因为过预热将导致在工件表面形成氧化物层，从而影响到涂层与基体间的结合强度。在喷涂过程中的基体和涂层的温度将直接影响到涂层的残余应力分布，所以对预热的控制是非常重要的[163]。

图 3-11 为在不同工艺下得到的涂层与基体间的结合强度。在这 8 组工艺参数中，喷涂距离对涂层与基体的结合强度影响最大。将 MSi-1 和 MSi-5、MSi-2 和 MSi-6、MSi-3 和 MSi-7、MSi-4 和 MSi-8 进行对比，可以发现在其他工

艺条件不变的情况下，当把喷涂距离从 80 mm 增加到 120 mm 时，结合强度大幅增加。在等离子喷涂过程中，喷涂粉末借助等离子火焰从等离子喷枪的喷嘴处快速运动到基体上。等离子火焰在喷枪出口处温度和速度都达到了最大，当二硅化钼颗粒遇到等离子火焰时，温度和速度都不可能快速达到等离子火焰的温度和速度，而是在一定的距离时达到峰值。较小的喷涂距离，会使喷涂粉末颗粒加热不够充分，从而造成粉末颗粒未熔融或部分熔融；另外，较低的喷涂距离也会影响粉末颗粒的飞行速度，颗粒在碰撞基体表面或已形成的涂层表面上时速度不够（飞行动能较低），导致喷涂颗粒与基体碰撞时变形不充分而使得涂层与基体间的结合力降低，同时还会使工件受等离子焰流影响而产生严重氧化造成基体温度过高，这也会影响到涂层的结合。当然，喷涂的距离也不能够过大，此时虽然喷涂颗粒在等离子焰流中受热充分并达到熔融状态，但是飞行距离过长，粉末颗粒在撞击基体或已沉积涂层表面时的温度和速度都将降低，使得喷涂颗粒变形不充分，这将明显降低涂层与基体间的结合力和喷涂沉积效率。喷涂距离的确定，原则上应是在基体温度上升允许的前提下适当缩小喷涂距离。喷涂粒子与基体碰撞时的速度和温度受到喷涂距离的影响，进而影响到喷涂涂层的质量，喷涂时须选用合适的喷涂距离[164]。

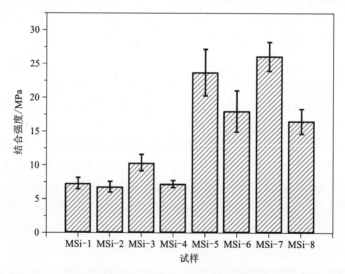

图 3-11　不同喷涂工艺二硅化钼涂层与基体之间的结合强度

在其他喷涂工艺条件不变的前提下，仅改变喷涂时的功率，不难发现喷涂功率从 30 kW 增加到 32.5 kW 时，涂层与基体间的结合强度也随之增加，如 MSi-1 和 MSi-3、MSi-5 和 MSi-7。低的喷涂功率，只能得到温度较低的等离子火焰，这将导致喷涂粒子加热不足，进而会降低涂层的结合强度、硬度和沉积效率。如果喷涂功率远高于最佳值时，焰流温度升的过高，使得更多的气体将转变成等离子体，这可能造成部分喷涂粉末的气化并使涂层成分发生改变，喷涂粉末的蒸气在涂层与基体间或者涂层内部凝聚而引起结合力的下降；另外还可能加剧喷嘴和电极的烧蚀。

同样，在仅改变氩气流量这一个参数时，可以看到，当氩气流量由 40 L/min 增加到 50 L/min 时，涂层与基体间的结合强度是降低的。氩气是形成等离子体的工作气流，其流量影响到等离子焰流的温度和速度，进而影响喷涂粉末在等离子焰流中的受热状态和飞行速度，最终影响到喷涂颗粒在基体或已沉积涂层表面撞击时的变形程度（这会影响到涂层与基体间的结合强度）和喷涂效率。氩气流量过大时，会使得等离子焰流的温度下降，并提高喷涂粉末颗粒的速度，缩短了喷涂粉末在等离子焰流中的"滞留"时间，导致颗粒达不到变形所需的半熔化或塑性状态，结果将导致涂层的性能下降，同时也降低了沉积效率。相反，如果氩气流量过小，则会引起电弧电压值不适当，并会使得喷涂颗粒的速度下降；极端情况下，会引起喷涂粉末的过热，造成粉末过度熔化或气化，然后熔融的粉末颗粒聚集在喷嘴或粉末喷口处，最终以较大的球状颗粒沉积到涂层中，形成大的孔隙。

3.5.3 关键等离子喷涂参数（CPSP）对涂层结合强度的影响

等离子喷涂功率和等离子体形成的主气流量（这里是指氩气流量）是控制涂层的主要参数。一些研究者结合这两个参数并引入了关键等离子喷涂参数（critical plasma spraying parameter，简称为 CPSP）这一概念。关键等离子喷涂参数可以用下面的方程进行描述[165, 166]：

$$关键等离子喷涂参数 = 喷涂功率(kW)/氩气流量(L/min) \qquad (3-1)$$

众所周知，增加等离子喷涂功率或降低氩气的流量都会提高等离子火焰的温度[164, 167]。当提高等离子喷涂功率时，会使得等离子焰流的温度升高，喷涂粉末的飞行速度加快，同时由于扩大的等离子火焰和高温区，喷涂粉末颗粒在其中的"滞留"时间增加，使得在焰流中的喷涂粉末颗粒的温度上升。降低氩气的流量会增加喷涂颗粒在等离子焰流中的"滞留"时间，使得喷涂粉末具有足够的时间受热熔化，从而提高了喷涂颗粒的温度[168]。这时再提高喷涂的功率的话，喷涂颗粒的温度将随之升高。当等离子火焰温度较低时，喷涂粉末的熔融比例较低。与基体或已形成的涂层表面碰撞时，颗粒不能够充分展平而在涂层表面或涂层与基体间产生孔隙。而且部分未熔融的颗粒将不能沉积到基体或已形成的涂层表面，从而降低了喷涂的效率。随着等离子火焰温度的提高，喷涂粉末在等离子弧中的熔融比例将得到改善，此时，喷涂颗粒与基体或形成的涂层表面撞击时，能形成良好的结合。因此，关键等离子喷涂参数能够改变喷涂涂层的微观结构和性能，是控制涂层质量的关键因素[167]。但它不是调整涂层结构和性能的唯一方法。

图 3-12 为 CPSP 对二硅化钼涂层与基体间的结合强度的影响。从图中可以看出，当 CPSP 的值从低向高变化时，涂层的结合强度是由低向高逐步增加。由公式(3-1)可知，要得到高的 CPSP 值，只要适当增加喷涂功率或减小氩气的流量就可以实现。不管是增加喷涂的功率还是减小氩气的流量，都会导致喷涂粉末颗粒在等离子焰流中的"滞留"时间的增加，并最终提高粉末颗粒的温度和飞行速度，使得粉末颗粒在撞击基体或已形成的涂层表面前具有足够的冲击动能和熔融或塑性状态，进而能在基体或已沉积涂层表面上很好的变形铺展，形成薄的层片。这样形成的涂层组织较致密，涂层与基体间和涂层内部都将具有较强的结合。关键等离子喷涂参数对涂层与基体间的结合强度的影响与其他研究人员得到的结果一致[169]。

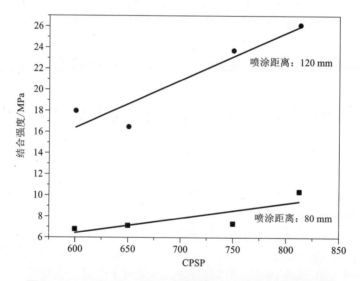

图 3-12　CPSP 对二硅化钼涂层与基体间的结合强度的影响

3.5.4　调整喷涂工艺后二硅化钼涂层的特性

基于前面的结果和其他研究人员的研究[53, 112, 146, 170, 171]，适当调整了大气等离子喷涂的工艺参数(表 3-2 中的 MSi-9)，以获得结构和性能较好的喷涂涂层。图 3-13 为调整喷涂工艺后二硅化钼涂层表面的 XRD 图谱。从分析结果中可以看出，与前面工艺得到的涂层对比，涂层中相的组成并没有发生变化，还是由 $MoSi_2(t)$、$MoSi_2(h)$ 和 $Mo_5Si_3(t)$ 相组成，并且 $MoSi_2(h)$ 相为主相。

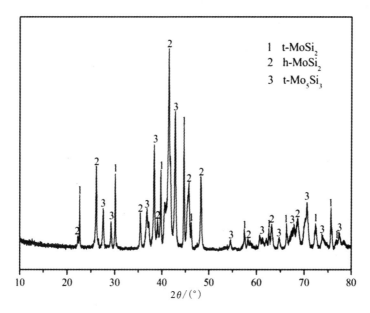

图 3 - 13　调整喷涂工艺后二硅化钼涂层表面的 XRD 图谱

图 3 - 14 为调整喷涂工艺后二硅化钼涂层表面形貌和截面的 SEM 照片。从图中可以看到，得到的二硅化钼涂层在结构上更致密并且更完整，在调整工艺后，喷涂颗粒在等离子火焰中能达到较高的温度、速度和熔融比例，由于熔滴具有适中的飞行温度，大部分颗粒处于熔融状态，所以每个层片很容易覆盖在它展平的表面形貌上。适当的颗粒温度会降低材料的动态黏度，结合适中的飞行速度将导致熔滴具有较高的展平度，撞击到基体表面或已沉积的涂层表面时层片能获得较好的铺展。另外，较高的展平度对应着层片厚度的降低、层片面积的增加，这将提高喷涂的沉积效率和涂层的微观硬度，降低涂层的孔隙率。而较低的孔隙率，能够使得涂层与基体间具有较高的结合强度。

因此，调整工艺后能得到致密的涂层组织和良好的性能。结合涂层的形貌，涂层中只有很少的未熔融或部分熔融的颗粒；另外，可以发现仍然存在较小的空隙。在等离子喷涂过程中，涂层表面偶尔观察到带孔的层片[172]。造成这些孔洞主要有以下三个方面的原因：①部分熔融的粉末颗粒与基体或已形成的涂层进行碰撞时，其未熔部分被弹出，从而形成了带孔的层片；②在层片与基体或层片间的界面处卷入了气体；③在碰撞的前方气层具有较高的气压，使得熔滴在撞击基体或已形成的涂层前产生了夹气。在层片的快速铺展和冷却过程中抑制了卷入气体的逃出，从而导致了层片中心部位的气压逐步升高并产生了气泡，随后就留在涂层中形成了孔隙。

图 3 - 14　调整喷涂工艺后二硅化钼涂层的表面(a)和截面(b)的 SEM 照片

3.6　二硅化钼涂层的抗氧化性能

大气等离子喷涂的二硅化钼涂层在 1200℃、25 h 循环氧化后,涂层增重约为 2.09 mg/cm²。涂覆有二硅化钼涂层的钼基体表面完整,未出现涂层开裂、剥离现象,说明此时涂层没有提前失效,能继续给基体提供抗氧化保护。

图 3 - 15 为二硅化钼涂层氧化后表面的 XRD 图谱。从 XRD 结果看,氧化后涂层由三种物质组成,分别为 SiO_2、$MoSi_2$ 和 Mo_5Si_3。表面这层氧化膜的形成,将空气中的氧与涂层进行了隔离,给涂层提供了保护作用。

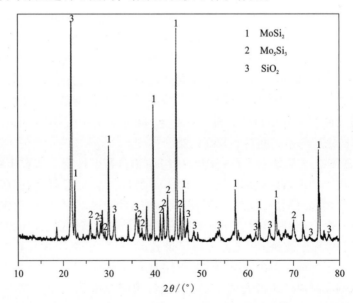

图 3 - 15　二硅化钼涂层在 1200℃氧化 25 h 后涂层表面的 XRD 图谱

图 3 - 16 为二硅化钼涂层氧化后表面和截面的 SEM 照片。从图中可以看出，涂层表面被氧化物膜（SiO₂）覆盖，表面碎玻璃片状的物质经 EDS 分析，成分为 SiO₂[图 3 - 16(a)]。从截面图可以看出，氧化后涂层与基体界面结合紧密，没有出现分层现象，可能的原因是在 1200℃氧化 25 h 后，涂层发生了扩散，与基体间形成了冶金结合。

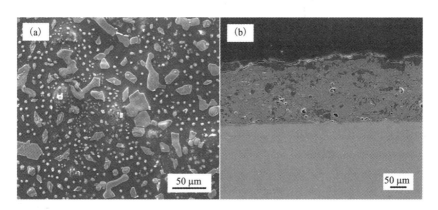

图 3 - 16　二硅化钼涂层在 1200℃氧化 25 h 后涂层表面和截面的 SEM 照片

(a)表面；(b)截面

3.7　本章小结

本章以自蔓延高温合成的二硅化钼粉末结合造粒工艺(喷雾团聚 + 真空热处理)得到的球形团聚粉末为喷涂材料，研究了大气等离子喷涂参数对涂层相的组成、微观组织结构和性能的影响，并研究了涂层的抗氧化能力，主要结论如下：

(1)以自蔓延高温合成的二硅化钼粉末为原料，采用喷雾干燥团聚造粒和真空热处理工艺制备出适合大气等离子喷涂用的二硅化钼粉末。喷雾干燥团聚造粒后得到的粉末颗粒成近球形，单个颗粒内部是由细小的二硅化钼粉末粒子通过有机黏接剂(PVA)连接在一起，细小粒子间的结合力较弱，空隙较多，表面较粗糙。团聚颗粒通过高温热处理过程后，使得细小粒子间产生了扩散并产生了微连接，单个颗粒空隙较少。此时粒子间具有较强的结合力，适合大气等离子喷涂。喷雾干燥团聚造粒和真空热处理工艺后粉末的流动性能为 38.5 s/50 g，松装密度为 1.65 g/cm³。

(2)团聚二硅化钼粉末经高温热处理后，相的组成发生了轻微的变化，由单一的 MoSi₂ 相演变为由 MoSi₂ 相为主相和 Mo₅Si₃ 为次相的组成成分。

(3)不同喷涂工艺下制备的二硅化钼涂层在相的组成上相同，都是由 MoSi₂(h)，

$MoSi_2(t)$和$Mo_5Si_3(t)$相组成。团聚二硅化钼粉末在喷涂过程中发生了晶体结构的转变,由四方晶体结构(t)演变为六方晶体结构(h),并且二硅化钼粉末在熔融过程中发生了氧化,形成了部分Mo_5Si_3相。

(4)不同喷涂工艺下的二硅化钼涂层的表面形貌和截面特征相似,涂层表面是由完全展平的层片、具有一定表面粗糙度的不充分展片的凸起、孔洞、球形特征和一些微裂纹组成。

(5)随着关键等离子喷涂参数(CPSP)值的增大(即喷涂功率的增加或氩气流量的减少),二硅化钼涂层的结合强度逐渐增加。适中的喷涂距离,能得到较好的涂层组织和良好的性能。

(6)调整工艺后得到的二硅化钼涂层组织致密,同时具有较好的性能。经过1200℃氧化25 h后,涂层表面完整,与基体结合紧密,给基体提供了良好的抗氧化性保护。

第四章　原位化学气相沉积法
制备硼化钼涂层

4.1　引言

硼化是一种可靠的表面硬化工艺，被广泛应用于工业生产中用以制备极硬耐磨表面。硼化工艺是指在一定温度范围内对与含硼的粉末、料浆、液体或气相介质接触的基体材料进行加热，随后硼原子在金属基体中扩散并发生化学反应形成金属硼化物的过程。最终形成的硼化物层可能是单相的也可能是多相的。金属的类型、硼化的方法、硼化介质的成分、处理的温度和时间对形成的硼化物层起着重要的影响作用。

卤化物活化包埋渗工艺（HAPC）实际上就是一种原位化学气相沉积技术。通过包埋混合粉中的物质化学反应形成的金属卤化物蒸汽在金属基体表面还原沉积并进行扩散反应得到预期的具有保护性的涂层。涂层与基体间形成冶金结合，结合强度高。该工艺能够适应不同尺寸和形状的基体材料并且能够在基体上制备出预定厚度的均匀且连续平滑的涂层。工艺条件（温度、时间、包埋混合粉成分－沉积元素在包埋粉中的含量和卤化物活化剂的含量）对涂层的形成有着重要的影响。

本章借助原位化学气相沉积法在钼的基体上沉积活性较高的硼元素，然后通过硼元素与基体钼元素发生原位扩散反应，在钼的基体表面形成一层硼化钼层（MoB），系统考察了工艺条件对硼化钼层的成长动力学的影响规律，并研究了涂层的力学性能和氧化性能。

4.2　实验过程

4.2.1　基体材料的准备

基体材料为钼棒，采用线切割的方式将钼棒加工成尺寸规格为 $\phi 18 \ \text{mm} \times 2$ mm 的试样。试样用于测试原位化学气相沉积法制备的硼化钼涂层的成分、微观结构、硬度、弹性模量和氧化性能。为了除去钼基体表面的油渍、氧化物和粉尘以提高表面的活性，所有的试样在涂覆涂层前须经过表面打磨、超声波清洗、除油和烘干等处理。具体步骤是先在磨抛机上依次按照 240#、400#、600#、800# 和 1000# 水磨砂纸将试样进行磨抛处理(除去试样表面的氧化皮)以获得新鲜的金属表面；经磨抛处理后的试样在无水乙醇中用超声波清洗器清洗 10 min 以除去表面的粉尘和油渍；最后将清洗干净的试样吹干后放入干燥皿中备用。

4.2.2 硼化钼涂层的制备

将一定比例配比的硼粉、氟化钠粉末和氧化铝粉末置于球磨机中混合，取其 30 g 混合粉末装入 30 mL 的刚玉坩埚中，并将清洗干净备用的试样埋入混合粉末中，然后用氧化铝的盖子盖上并用氧化铝基高温黏接剂进行密封。将密封好的坩埚放入恒温干燥箱中，在 60 ℃ 恒温下干燥处理 12 h 使得黏接剂干燥固化。随后将刚玉坩埚放入通有氩气保护的管式炉中以 10 ℃/min 的升温速率升温，逐步将温度升到预定处理温度(800 ~ 1050℃)，并保持相应的时间(0 ~ 20 h)，最后随炉冷却到室温。将处理好的试样从刚玉坩埚中取出并用水冲洗去除表面附着的粉末，然后将试样放入装有无水乙醇的烧杯中用超声波清洗器进行清洗并烘干处理备用。

具体的制备工艺条件列于表 4 - 1 ~ 表 4 - 4 中。

表 4 - 1　不同 NaF 含量的工艺条件和包埋混合粉末成分(质量分数)

序号	温度 (℃)	时间 (h)	硼含量 (%)	NaF 含量 (%)	Al_2O_3 含量 (%)
1	1000	10	0.8	1	98.2
2	1000	10	0.8	5	94.2
3	1000	10	0.8	10	89.2
4	1000	10	0.8	15	84.2
5	1000	10	0.8	20	79.2
6	1000	10	0.8	25	74.2

表 4 - 2　不同包埋沉积时间的工艺条件和包埋混合粉末成分(质量分数)

序号	温度 (℃)	时间 (h)	硼含量 (%)	NaF 含量 (%)	Al_2O_3 含量 (%)
1	1000	0	0.8	5	94.2
2	1000	1	0.8	5	94.2

续上表

序号	温度 (℃)	时间 (h)	硼含量 (%)	NaF 含量 (%)	Al_2O_3 含量 (%)
3	1000	2	0.8	5	94.2
4	1000	5	0.8	5	94.2
5	1000	10	0.8	5	94.2
6	1000	15	0.8	5	94.2
7	1000	20	0.8	5	94.2

表 4 - 3　不同包埋沉积温度的工艺条件和包埋混合粉末成分(质量分数)

序号	温度 (℃)	时间 (h)	硼含量 (%)	NaF 含量 (%)	Al_2O_3 含量 (%)
1	800	10	0.8	5	94.2
2	850	10	0.8	5	94.2
3	900	10	0.8	5	94.2
4	950	10	0.8	5	94.2
5	1000	10	0.8	5	94.2
6	1050	10	0.8	5	94.2

表 4 - 4　不同硼含量的工艺条件和包埋混合粉末成分(质量分数)

序号	温度 (℃)	时间 (h)	硼含量 (%)	NaF 含量 (%)	Al_2O_3 含量 (%)
1	1000	5	0.2	5	94.8
2	1000	5	0.4	5	94.6
3	1000	5	0.6	5	94.4
4	1000	5	0.8	5	94.2
5	1000	5	1.0	5	94
6	1000	5	1.2	5	93.8

4.3　原位化学气相沉积法制备硼化钼涂层

4.3.1　不同工艺条件对 MoB 涂层相组成的影响

图 4 - 1 为在 1000℃下不同化学气相沉积时间制备的 MoB 涂层表面的 XRD

图谱，其中包埋混合粉末的成分为 0.8% 硼粉、5% 氟化钠粉末和 94.2% 氧化铝粉末。从图中可以看出，在研究的化学气相沉积时间内，硼与基体钼根据化学反应方程式(4-1)进行扩散反应，并在钼基体表面形成 MoB 层。

$$Mo + B \longrightarrow MoB \tag{4-1}$$

从图中可以得知[图 4-1(a)]，硼与基体钼的扩散化学反应在升温和降温过程中就已经发生了，但是由于整个反应进行的时间较短，所以在基体钼表面形成的 MoB 层较薄，因此进行 XRD 测试时，能检测到基体钼的成分。随着反应时间的延长，钼基体表面的 MoB 层的厚度也在不断增加，在 XRD 检测结果中没有钼的峰。另外，随着沉积时间的增加，MoB 相峰位的相对强度也在不断增加，而峰的相对强度的高低对应着物相的结晶取向程度的大小，同时高而尖细的峰说明晶粒已经长大。

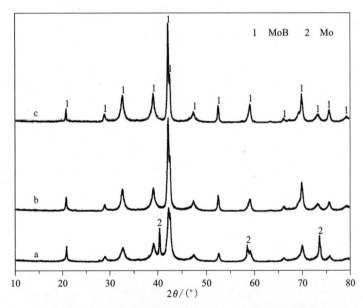

图 4-1 不同包埋时间制备的 MoB 涂层表面的 XRD 图谱

a—0 h；b—5 h；c—10 h

由于硼与基体钼在升温、降温过程中发生了扩散反应形成了 MoB，因此，有必要考察下不同沉积温度对 MoB 层形成的影响规律。

图 4-2 为在不同包埋温度下沉积 10 h 制备的 MoB 涂层表面的 XRD 图谱，其中包埋混合粉末的成分为 0.8% 硼粉、5% 氟化钠粉末和 94.2% 氧化铝粉末。从 XRD 分析的结果可以看出，在 800℃ 的沉积温度下，钼基体表面也能得到非常少量的 MoB，但是对应位置的峰强度低并且宽化，说明此时得到的 MoB 晶粒非常

细小；由于在 800℃ 温度下硼或钼的相互扩散率较低，导致非常少量的 MoB 形成[143]。当温度升高到 850℃，由于硼扩散率的提高，基体钼表面生成了一层较薄的 MoB 层，从对应位置峰的相对强度上可以得知其结晶程度有所提高。随着温度进一步升高，基体钼上形成的 MoB 层的厚度逐步增加，以至于当沉积温度为950℃ 的时候，XRD 分析已经检测不到基体的成分了。从图中也可以看出，尽管硼具有较高的活性，但是受动力学因素的影响，所以在基体钼上制备 MoB 涂层的理想沉积温度应该大于 900℃。已有的研究也表明，通过固态反应[136, 137, 143]、机械化学合成[143, 144]、电化学合成[66, 145] 和多相扩散反应[173] 制备 MoB 通常都需要一个较高的温度条件（高于 900℃）。

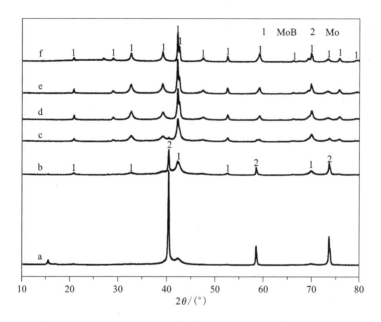

图 4－2　不同包埋温度下制备的 MoB 涂层表面的 XRD 图谱

a—800℃；b—850℃；c—900℃；d—950℃；e—1000℃；f—1050℃

图 4－3 为不同硼含量在 1000℃ 包埋制备 5 h 后得到的 MoB 涂层表面的 XRD 图谱。从图中可以看出，当硼的含量为 0.2% 时［图 4－3(a)］，钼基体表面形成的涂层由 MoB 和 Mo_2B 两种相组成，由于低的硼含量，通过原位化学气相沉积到钼基体上的硼的量较少。当硼的含量大于 0.2% 时［图 4－3(b)～(f)］，由于在整个沉积过程中，提供的硼源比较充足，因此在钼基体表面得到的涂层由 MoB 相组成。

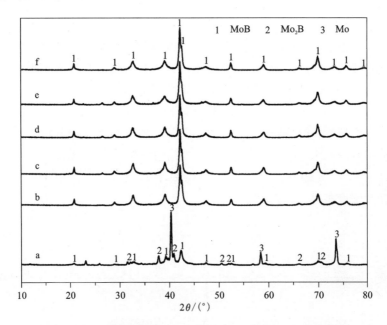

图 4-3 不同硼含量包埋制备的 MoB 涂层的表面 XRD 图谱

a—0.2% B; b—0.4% B; c—0.6% B;

d—0.8% B; e—1.0% B; f—1.2% B

4.3.2 不同工艺条件下制备的 MoB 涂层的组织形貌

图 4-4 是在温度为 1000℃ 时分别包埋 0 h 和 10 h 得到的 MoB 涂层截面的背散射照片。从图中可以清晰地看出，包埋时间为 0 h 时，基体钼的表面已经形成了一薄层的 MoB 层。当包埋沉积时间为 10 h 时，硼通过扩散与基体钼反应，生

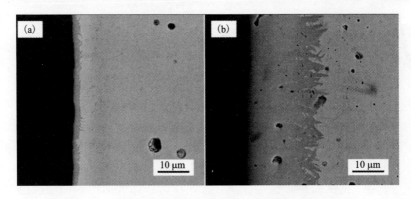

图 4-4 不同包埋时间制备的 MoB 涂层截面的 BSE 照片

(a)0 h; (b)10 h

成了一层较厚的 MoB 层。这两个涂层除了在厚度上存在差别外，其相的组成完全相同。结合图 4 - 1 可知，由于沉积时间过短，所获得的涂层厚度过薄，经 XRD 检测时能够探测到基体钼的成分。

图 4 - 5 是在不同的沉积温度下包埋 10 h 制备的 MoB 涂层截面的 BSE 照片。

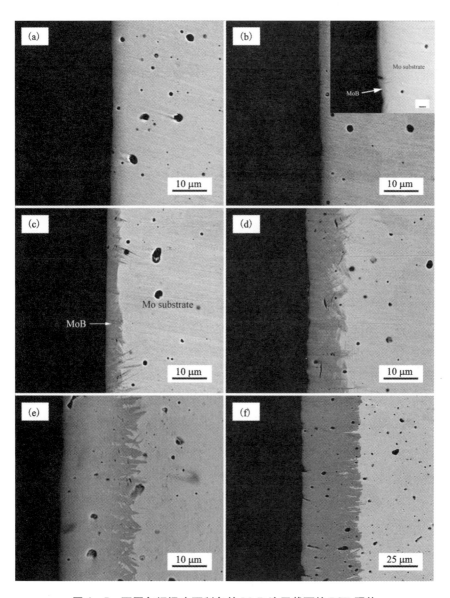

图 4 - 5　不同包埋温度下制备的 MoB 涂层截面的 BSE 照片
(a)800℃；(b)850℃；(c)900℃；(d)950℃；(e)1000℃；(f)1050℃

从图中可以看出，在同样的放大倍数下，图 4-5(a) 和图 4-5(b) 中没有观察到 MoB 层。通过对图 4-5(b) 进一步放大，可以观察到一层非常薄的 MoB 层[图 4-5(b) 的插图中]。结合涂层表面的 XRD 分析，温度在 800℃ 下包埋 10 h，基体钼表面形成了 MoB，通过对图 4-5(a) 进一步放大却观察不到这层 MoB。这也就说明沉积温度低于 900℃ 时，硼在基体中的扩散能力较差，从而导致 MoB 的形成速率很低。随着温度的逐步提高，硼的扩散能力得到了提升，使得硼与钼的反应更容易进行，最终导致 MoB 层的生长速率的增加[图 4-5(c) ~ (f)]。从图中可以看出，硼在基体钼中的扩散方向并不完全相同，使得 MoB 与基体钼的界面不平整，温度低的时候越明显，反而温度高的时候，界面比较平整。这可能是由于温度对扩散的影响是主要的，在高温时，缺陷如孔洞、位错等的影响被削弱，但是低温时却对扩散有着较大的影响。

4.4 硼化钼涂层的成长动力学研究

4.4.1 活化剂的含量对硼化钼层成长的影响规律

图 4-6 是 0.8B - 5NaF - 94.2Al₂O₃(质量分数)在 1000℃ 下包埋沉积 10 h 硼化钼层的厚度与包埋粉中 NaF 含量之间的变化关系。从图中可以看出，随着 NaF 含量的增加，基体上得到的硼化钼层的厚度呈现出先增加后减小的趋势。这可能是由于随着 NaF 含量的增加，在反应开始阶段，与硼反应生成了含硼氟化物气体的量增加，导致内部的蒸气压迅速增大，造成用于密封刚玉坩埚的氧化铝基黏接剂产生裂纹，使得部分含硼氟化物气体随着氩气的流动而损失掉。因此，用于形成硼化物层的含硼氟化物量的减少，这将影响到硼化钼层的生长。

4.4.2 沉积时间对硼化钼层成长的影响规律

包埋混合粉末成分为 0.8% Si、5% NaF 和 94.2% Al₂O₃，在 1000℃ 下研究包埋沉积时间(1 ~ 20 h)对硼化钼层厚度的影响规律。图 4-7 为在 1000℃ 下沉积不同时间时硼化钼层成长的动力学曲线，从图中可以看出，硼化钼层的厚度(h)与时间的平方根($t^{1/2}$)呈线性关系。得到的结果满足的关系为：

$$h = 7.11t^{1/2} + 0.70 \tag{4-2}$$

式中：h 的单位是 μm；t 的单位是 h。

从式(4-2)中可以看到，在厚度方向上存在一个非常小的偏移量 0.70，这可能是硼化钼层的成长在升温和降温阶段已经发生，并且涂层的制备温度相对较高(1000℃)。

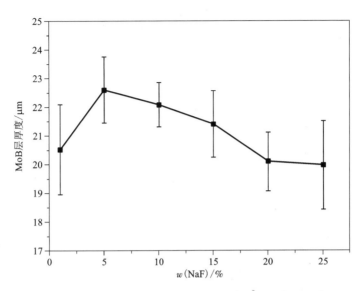

图 4 – 6　0.8B – 5NaF – 94.2Al₂O₃（质量分数）在 1000℃包埋沉积 10 h
进行渗硼得到的硼化钼层的厚度与包埋粉中 NaF 含量之间的变化关系

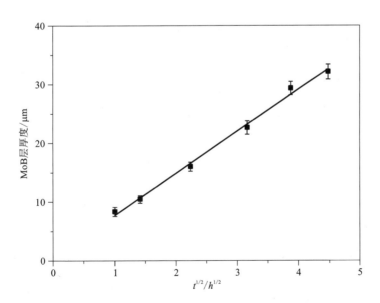

图 4 – 7　0.8B – 5NaF – 94.2Al₂O₃（质量分数）

在 1000℃时硼化钼层成长的动力学曲线

4.4.3 沉积温度对硼化钼层成长的影响规律

包埋混合粉末成分为 0.8% B、5% NaF 和 94.2% Al_2O_3，包埋沉积时间为 10 h 时研究包埋沉积温度（850～1050℃）对硼化钼层厚度的影响规律。外层涂层中硼的浓度是恒定的，通过 XRD 和 EPMA 分析得出，在研究的温度范围内，所形成的涂层被确定为 MoB。因此，温度仅仅影响硼化钼层厚度或者成长速率的变化。同时可以看出，相对于包埋沉积时间（t），沉积温度对硼化钼层厚度成长具有更显著的影响，特别是在高温阶段。在其他条件一定的情况下，硼化钼层厚度（h）与沉积温度（T）之间满足以下关系：

$$\ln(T^{1/2}h) = -\frac{E_a}{RT} + C_0 \qquad (4-3)$$

式中：E_a 为涂层成长过程的活化能；R 是气体常数；C_0 为常数。

因此，在一定的包埋时间、硼的含量和 NaF 的含量下，沉积温度为 850～1050℃时硼化钼层的成长过程的活化能 E_a 可以通过 $\ln(T^{1/2}h) - 1/T$ 的曲线的斜率求得。通过对实验数据用最小二乘法拟合，从图 4-8 中可以看出 $\ln(T^{1/2}h)$ 与 $1/T$ 之间呈现出一个较好的线性拟合。通过曲线斜率计算出硼化钼成长的活化能为 271.74 ± 32.41 kJ/mol。对于整个涂层制备过程，通过斜率计算得到的活化能只是一个定性的数值。

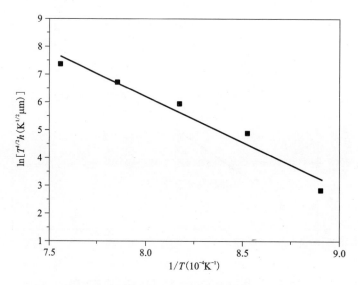

图 4-8　0.8B-5NaF-94.2Al_2O_3（质量分数）包埋沉积 10 h 时

$\ln(T^{1/2}h)$ 与 $1/T$ 之间的关系曲线

4.4.4 硼的含量对硼化钼层成长的影响规律

在1000℃下包埋沉积5 h,研究包埋混合粉末中硼含量的变化(0.4% ~ 1.2%)对硼化钼层厚度的影响规律,其中包埋混合粉末中 NaF 的含量为5%。图4-9为在1000℃包埋沉积5 h渗硼得到的硼化钼层的厚度与包埋粉中硼含量的变化关系。从图中可以看出,涂层的厚度随着硼含量的增加逐渐增加,但是在涂层中的化学成分并没有变化。因此,包埋粉中硼含量的变化对制备出的涂层的成分没有影响。涂层的厚度(h)与包埋粉中硼含量的平方根(W_B)呈线性关系,对实验的数据点通过最小二乘法拟合,得到图4-9中的直线,其方程式可以表达为:

$$h = 26.17 W_B^{1/2} - 4.99 \qquad (4-4)$$

负的偏差值可能是因为涂层起始过程是比较慢的。

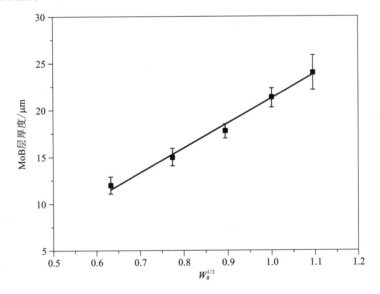

图4-9 1000℃包埋沉积5 h渗硼得到的硼化钼层的厚度与包埋粉中硼含量的变化关系

4.5 硼化钼涂层的性能

4.5.1 力学性能

表4-5为原位化学气相沉积制备的硼化钼层的硬度和弹性模量值。其制备

工艺为 1000℃ 包埋沉积 10 h，对应的包埋混合粉末成分为 0.8B – 5NaF – 94.2Al$_2$O$_3$（质量分数）。

从表中可以看到，硼化钼层具有很高的硬度（HV 3130.85）和弹性模量（519.31 GPa），因此，硼化钼在工业上常用作金属表面的硬化层或者耐磨层。

表 4 – 5 硼化钼层的硬度和弹性模量

	HIT（GPa）	HV	EIT（GPa）
MoB	33.81	3130.85	519.31

4.5.2 氧化性能

4.5.2.1 氧化动力学研究

图 4 – 10 为未涂覆涂层的和涂有硼化钼涂层的钼基体在 600℃ 时的氧化动力学曲线。硼化钼涂层的制备工艺为 1000℃ 包埋沉积 10 h，对应的包埋混合粉末成分为 0.8B – 5NaF – 94.2Al$_2$O$_3$（质量分数）。从氧化动力学曲线可以看出，涂覆有硼化钼涂层的钼基体显示出相对较慢的氧化速率，试样增重缓慢，经过 100 h 氧化后，试样的增重仅为 4.92 mg/cm^2；而未涂覆涂层的钼基体则表现出较快的氧化速率，试样出现较大的增重，呈现出抛物线型的氧化增重，经历 40 h 氧化后，

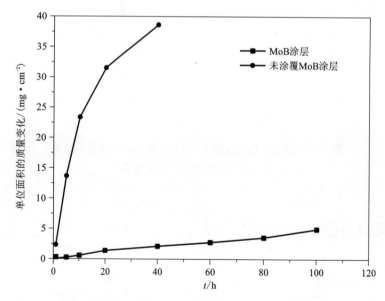

图 4 – 10 未涂覆涂层的和涂有硼化钼涂层的钼基体在 600℃时的氧化动力学曲线

试样的增重达 38.57 mg/cm^2。未涂覆涂层的钼基体显示了初期的快速氧化而造成的质量增重,经历了快速氧化之后试样就进入了一个相对较慢的氧化阶段。因为试样在氧化初期,表面的氧化物层较薄,空气中的氧很容易与基体钼发生反应,可以观察到具有快速的氧化速率的氧化阶段,这时氧和钼的反应在动力学曲线上表现为线性阶段。当基体钼表面的氧化物层具有一定厚度时,钼的氧化受空气中的氧在这层氧化物中的扩散控制,动力学曲线上则表现出抛物线型阶段。Kuznetsov 等[174]报道了纯钼试样在含有 2.3%(体积分数)水蒸气的空气中 500℃和 550℃时的氧化性能,试样增重表现出抛物线型增长。

抛物线型的氧化速率常数(k_p)可以通过计算涂层试样的增重的平方与氧化时间曲线的斜率得到。图 4 – 11 为未涂覆涂层的钼基体和涂有硼化钼层的钼基体在 600℃氧化时试样增重的平方与氧化时间的变化关系曲线。通过对图 4 – 11 中直线斜率的计算可以得到 600℃下的氧化速率常数,具体数值列入表 4 – 6 中。从表中可以看到未涂覆涂层的和涂有硼化钼层的钼基体在 600℃下的氧化速率常数分别为 37.91 mg^2/(cm^4 · h)和 0.218 mg^2/(cm^4 · h)。

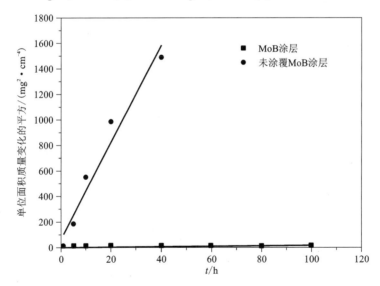

图 4 – 11　未涂覆涂层和涂有硼化钼涂层在 600℃时
的试样增重的平方与氧化时间的变化曲线

表 4 – 6　未涂覆涂层的和涂有硼化钼层的钼基体在 600℃时氧化速率常数

温度(℃)	k_p[mg^2 · (cm^4 · h)]	
	纯钼	MoB
600	37.91	0.218

4.5.2.2 氧化后硼化钼涂层表面和截面的形貌与组成

图 4-12 为硼化钼涂层在 600℃ 氧化 100 h 后涂层表面的 XRD 图谱。从图中可以看出，600℃ 氧化 100 h 后涂层表面形成的产物为 MoO_3，并没有检测到 B_2O_3 的存在。可能的原因是 B_2O_3 的熔点较低（玻璃态 294℃，结晶态 450℃），600℃ 时形成的 B_2O_3 为熔融态，在重力和毛细力的作用下流淌到试样背面，而其中一部分附着在刚玉坩埚表面。涂层表面形成的 MoO_3 呈鳞片状［图 4-13(a)］，氧化后涂层的截面由两个部分组成，外层为 MoO_3，内层为 MoB［图 4-13(b)］。

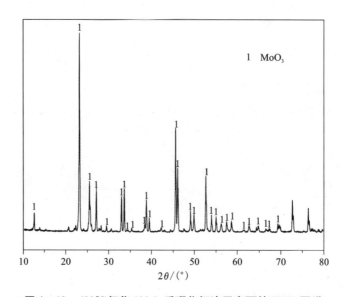

图 4-12　600℃氧化 100 h 后硼化钼涂层表面的 XRD 图谱

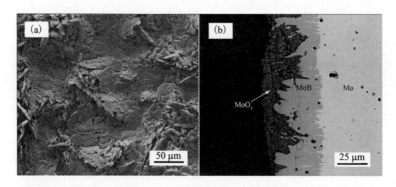

图 4-13　600℃氧化 100 h 后硼化钼涂层表面和截面的 SEM 照片

4.6　本章小结

本章通过原位化学沉积法在钼基体表面成功制备出硼化钼单层，系统地研究了沉积工艺条件对得到硼化钼层成分、结构和成长规律的影响，得出以下结论：

（1）通过原位化学气相沉积（包埋渗硼）在钼基体表面成功制备出了单层结构的硼化钼涂层。

（2）硼化钼（MoB）层的制备温度应大于900℃，混合粉末中硼粉的含量应大于0.2%。

（3）随着活化剂 NaF 含量的增加，硼化钼层的厚度出现先增加后减小的趋势。

（4）随着包埋沉积时间的延长，硼化钼层的厚度逐渐增加，但是并不影响硼化钼层的成分。硼化钼的厚度（h）与时间的平方根（$t^{1/2}$）呈线性关系，它满足的关系式为 $h = 7.11t^{1/2} + 0.70$，在厚度方向上存在一个相对较小的偏移量0.70。

（5）硼化钼层的厚度随着温度的增加而增加。涂层中硼的浓度是恒定的，所形成的涂层被确定为 MoB，温度仅仅影响硼化钼层厚度或者成长速率的变化。相对于包埋沉积时间（t），沉积温度对硼化钼层厚度成长具有更显著的影响，特别是在高温阶段。通过计算 $\ln(T^{1/2}h) - 1/T$ 的曲线的斜率得到硼化钼成长的活化能为 271.74 ± 32.41 kJ/mol。

（6）硼化钼层的厚度随着硼含量（0.4% ~ 1.2%）的增加而增加，硼的含量对形成的硼化钼层的成分没有影响。

（7）MoB 层具有很高的硬度和弹性模量，分别为 HV 3130.85 和 519.31 GPa。

（8）硼化钼层在600℃氧化100 h 后，涂层试样的增重为 4.92 mg/cm^2，氧化速率为 1.367×10^{-5} mg/（cm^2·s），其氧化速率常数为 0.218 mg^2/（cm^4·h），在一定程度上改善了钼的低温抗氧化性能。

第 5 章　原位化学气相沉积法制备
　　　　二硅化钼/硼化钼复合涂层

5.1　引言

　　难熔金属由于具有比铁、钴、镍基合金还要高的熔点，因此常常被广泛应用于需要高温强度和抗腐蚀性能的环境中[10]。在难熔金属中，钼被认为是一种优异的结构材料，用于在温度高达 1500℃ 时需要有高的强度和硬度的环境中。高温下金属钼需要在真空或者保护性气氛中使用[175]。钼和钼基合金在大气和氧化气氛中对快速氧化具有高的趋向性，金属钼弱的氧化抵抗力是由于在表面形成不具有抗氧化保护能力的三氧化钼[11]，氧化将造成金属钼在结构上的退化，进而导致金属钼失去其优异的高温力学性能，这必将限制钼和钼合金更为广泛的应用前景。因此，研究并改善钼和钼合金的高温抗氧化性能具有重要的意义。

　　二硅化钼($MoSi_2$)被认为是最具有吸引力的保护涂层材料，用于对钼和钼合金在高温氧化环境中使用时提供抵抗氧化的保护[25]。二硅化钼之所以具有抗氧化保护性能是由于它能够在其表面上形成一层连续的、具有自愈能力的二氧化硅(SiO_2)薄膜[176]。氧化环境中的氧在这层二氧化硅膜中具有极低的渗透率，从而使得膜层下的基体材料免受氧化。

　　包埋渗工艺已经被广泛应用于在金属和合金表面制备保护性涂层以适应高温环境的要求，如钢铁、高温合金、TiAl、难熔金属等。这种工艺制备简单、成本低廉，并且是商业上可行的扩散涂层制备工艺，用以在金属和合金的表面富集铝（渗铝）、硅（渗硅）和铬（渗铬）。该工艺能够在不同尺寸和形状的基体材料上制备出指定厚度的均匀而连续平滑的涂层。包埋渗工艺通常被认为是一种在等温条件下多孔介质中进行的原位化学气相沉积工艺(in-situ CVD)。

　　钼和钼合金通常是在较高的温度下使用，这使得长时间服役寿命涂层的需求巨大。为了满足这一需求，研究者们已经不懈的去改善涂层的性能。要达到上述目的，关于了解包埋渗工艺中控制涂层形成因素是非常重要的。

　　本章通过原位化学沉积法在钼基体表面成功制备出二硅化钼单层和二硅化钼/硼化钼复合涂层，系统地研究了沉积工艺条件对涂层成长的影响规律，并考察了涂层的力学性能指标。

5.2　实验方法

5.2.1　基体的准备

基体材料为钼棒,采用线切割的方式将钼棒加工成尺寸规格为 ϕ18 mm × 2 mm的试样。为了除去钼基体表面的油渍、氧化物和粉尘以提高表面的活性,所有的试样在涂覆涂层前须经过表面打磨、超声波清洗和烘干等处理。具体步骤是先在磨抛机上依次按 240#、400#、600#、800# 和1000#水磨砂纸将试样进行磨抛处理(除去试样表面的氧化皮)以获得新鲜的金属表面;经磨抛处理后的试样在无水乙醇中用超声波清洗器清洗 10 min 以除去表面的粉尘和油渍;最后将清洗干净的试样吹干后放入干燥皿中备用。

5.2.2　MoSi$_2$ 涂层的制备

将 30 g 混合粉末(按一定比例配比的 Si 粉、NaF 粉末和 Al$_2$O$_3$ 粉末)装入 30 mL的刚玉坩锅中,并将清洗干净备用的试样埋入混合粉末中,然后用氧化铝的盖子盖上并用氧化铝基高温黏接剂密封。将密封好的坩埚放入恒温干燥箱中,在 60℃恒温下干燥处理12 h。随后将刚玉坩埚放入通有氩气保护的管式炉中以 10 ℃/min 的升温速率升温,逐步将温度升到预定的处理温度(800～1050℃),并保持相应的时间(0～20 h),最后随炉冷却到室温。将处理好的试样从刚玉坩埚中取出并用水冲洗去除表面附着的粉末,然后将试样放入装有无水乙醇的烧杯中用超声波清洗器清洗并烘干处理备用。具体的制备工艺列于表 5-1～表5-3中。

表 5-1　不同包埋沉积时间的工艺条件和包埋混合粉末成分(质量分数)

序号	温度 (℃)	时间 (h)	硅含量 (%)	NaF 含量 (%)	Al$_2$O$_3$ 含量 (%)
1	1000	1	20	5	75
2	1000	2	20	5	75
3	1000	5	20	5	75
4	1000	10	20	5	75
5	1000	15	20	5	75
6	1000	20	20	5	75

表 5 - 2　不同包埋沉积温度的工艺条件和包埋混合粉末成分(质量分数)

序号	温度 (℃)	时间 (h)	硅含量 (%)	NaF 含量 (%)	Al_2O_3 含量 (%)
1	800	10	20	5	75
2	850	10	20	5	75
3	900	10	20	5	75
4	950	10	20	5	75
5	1000	10	20	5	75
6	1050	10	20	5	75

表 5 - 3　包埋混合粉末中不同硅含量的工艺条件和包埋混合粉末成分(质量分数)

序号	温度 (℃)	时间 (h)	硅含量 (%)	NaF 含量 (%)	Al_2O_3 含量 (%)
1	1000	10	1	5	94
2	1000	10	5	5	90
3	1000	10	10	5	85
4	1000	10	15	5	80
5	1000	10	20	5	75
6	1000	10	30	5	65
7	1000	10	40	5	55
8	1000	10	60	5	35

5.2.3　$MoSi_2/MoB$ 复合涂层的制备

$MoSi_2/MoB$ 复合涂层的制备分为两步：首先是在基体钼上沉积一层 MoB 层；然后再在涂覆了 MoB 层的基体钼上沉积一层 $MoSi_2$ 层。具体步骤如下：

(1)将 30 g 带有硼粉的混合粉末(0.24 g 的硼粉、1.5 g 的氟化钠粉末和 28.26 g 的氧化铝粉末)装入 30 mL 的刚玉坩埚，并将清洗干净备用的试样埋入混合粉末中，然后用氧化铝的盖子盖上并用氧化铝基高温黏接剂密封。将密封好的坩埚放入恒温干燥箱中，在 60℃恒温下干燥处理 12 h。随后将刚玉坩埚放入通有氩气保护的管式炉以 10 ℃/min 的升温速率升温，逐步将温度升到 1000℃，并保持 10 h，最后随炉冷却到室温。将处理好的试样从刚玉坩埚中取出并用水冲洗去除表面附着的粉末，然后将试样放入装有无水乙醇的烧杯中用超声波清洗器进行清洗并烘干处理备用。

(2)将 30 g 混合粉末(一定比例配比的 Si 粉、NaF 粉末和 Al$_2$O$_3$ 粉末)装入 30 mL 的刚玉干锅中,并将涂覆有 MoB 层的试样埋入混合粉末中,然后用氧化铝的盖子盖上并用氧化铝基高温黏接剂密封。将密封好的坩埚放入恒温干燥箱中,在 60℃恒温下干燥处理 12 h。随后将刚玉坩埚放入通有氩气保护的管式炉以 10℃/min 的升温速率升温,逐步将温度升到预定沉积温度(800～1050℃),并保持相应的时间(0～20 h),最后随炉冷却到室温。将处理好的试样从刚玉坩埚中取出并用水冲洗去除表面附着的粉末,然后将试样放入装有无水乙醇的烧杯中用超声波清洗器进行清洗并烘干处理备用。

具体的制备工艺列于表 5－4～表 5－5 中。

表 5－4　沉积硼和硅的工艺条件(渗硅不同包埋沉积时间)和包埋混合粉末成分(质量分数)

序号	温度 (℃)	时间 (h)	硼含量 (%)	硅含量 (%)	NaF 含量 (%)	Al$_2$O$_3$ 含量 (%)
1	1000	10	0.8	—	5	94.2
2	1000	1	—	20	5	75
3	1000	2	—	20	5	75
4	1000	5	—	20	5	75
5	1000	10	—	20	5	75
6	1000	15	—	20	5	75
7	1000	20	—	20	5	75

表 5－5　沉积硼和硅的工艺条件(渗硅不同包埋沉积温度)和包埋混合粉末成分(质量分数)

序号	温度 (℃)	时间 (h)	硼含量 (%)	硅含量 (%)	NaF 含量 (%)	Al$_2$O$_3$ 含量 (%)
1	1000	10	0.8	—	5	94.2
2	800	10	—	20	5	75
3	850	10	—	20	5	75
4	900	10	—	20	5	75
5	950	10	—	20	5	75
6	1000	10	—	20	5	75
7	1050	10	—	20	5	75

5.3　二硅化钼涂层

图 5 - 1 是包埋粉末为 20% Si、5% NaF 和 75% Al_2O_3 时在 1000℃下包埋沉积 10 h 后基体钼表面的 XRD 图谱。从图中可以看出，峰的位置正好对应着 $MoSi_2$ 相，并且没有检测到 Mo 和 Si 元素的存在。从 XRD 分析结果可知，检测到的 $MoSi_2$ 是作为在基体钼上形成的硅化物层的反应产物，这也说明在反应条件下，$MoSi_2$ 相具有较高的成长速率。根据 Mo - Si 二元相图可以判断出形成的二硅化钼为稳定的 α - $MoSi_2$，晶体结构为四方晶体结构。在 1000℃下经历了 10 h 沉积后，基体钼的表面已经制备出了一层二硅化钼涂层，并且涂层成分单一，只存在四方晶体结构的 $MoSi_2$ 相(t)。

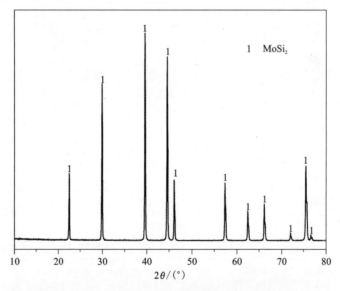

图 5 - 1　20Si - 5NaF - 75Al_2O_3(质量分数)在 1000℃下
包埋沉积 10 h 后基体钼表面的 XRD 图谱

为了进一步分析涂层中各个元素的分布，采用电子探针能谱分析(EPMA)对包埋粉末为 20% Si、5% NaF 和 75% Al_2O_3 时在 1000℃下包埋沉积 10 h 制备涂层的截面进行定性和定量分析。定性分析结果大概反映了 Mo 元素和 Si 元素在涂层和基体中的分布趋势(图 5 - 2)，从图中可以看出，Mo 和 Si 的元素分布存在两个明显的区域，分别对涂层中的区域 1 和区域 2 进行定量分析。分析结果显示，在区域 1 时，Mo 元素和 Si 元素的原子分数比与 $MoSi_2$ 分子式中的各元素的原子比例接近,结合 XRD 分析,区域 1 为通过原位化学气相沉积在基体钼表面制备得到的二硅化钼涂层。区域 2 则对应基体钼的成分——Mo。从图中还可以发现在二硅化钼涂层和基体间形成了一个过渡区,在这个区域 Mo 元素或 Si 元素都有一个递增或递减的趋势,这说明在这个区域可能形成了 Mo – Si 中间相。根据 Mo – Si 二元相图可知,Mo 和 Si 之间能形成三种相——$MoSi_2$、Mo_5Si_3 和 Mo_3Si。Chakraborty 等[11]对在 TZM 合金上包埋沉积 Si 制备硅化物涂层的研究时发现一层非常薄的 Mo_5Si_3 相层形成于二硅化钼涂层和 TZM 合金基体之间。Tortorici 等[177]对 Mo – Si 扩散偶的研究发现在 1350℃ 下没有观察到 Mo_3Si 层的形成,主要是由于在该温度下 Mo_3Si 相的形核非常困难。在 900 ~ 1350℃ 温度范围内,$MoSi_2$ 相的成长速率要远快于 Mo_5Si_3 相,因此形成于二硅化钼和基体间的 Mo_5Si_3 层的厚度非常薄。

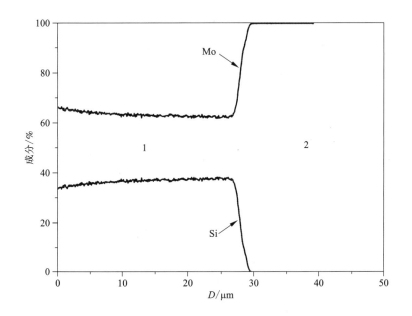

图 5 – 2　20Si – 5NaF – 75Al_2O_3(质量分数)

在 1000℃下包埋沉积 10 h 制备涂层截面的 EPMA 图谱

1—$MoSi_2$;2—Mo

图 5 – 3 为 20Si – 5NaF – 75Al_2O_3(质量分数)的混合粉末在 1000℃ 下包埋沉积 10 h 制备涂层截面的 BSE 照片。从图中可以看出,涂层与基体间具有清晰的界线。基体钼的表面形成了双层的涂层结构,靠近基体的是一层非常薄的内层,根据前面的分析,这层应为 Mo_5Si_3,厚的外层为 $MoSi_2$。之前的 XRD 分析没有检测到对应 Si 的峰,来自包埋混合粉中的 Si 并不存在于二硅化钼涂层中,这说明 Si

的向内扩散是二硅化钼涂层形成的主要机理。通过包埋工艺，来自包埋混合粉中的 Si 源在基体钼上不断消耗形成了二硅化钼涂层[87]。早期的研究报道过在制备的二硅化钼涂层中观察到柱状晶的形成，这说明在二硅化钼涂层中晶粒的成长方向与 Si 元素扩散的方向一致[77, 78, 87, 129, 177, 178]。裂纹存在于涂层的截面当中，平行于与界面垂直的方向。从沉积温度冷却到室温时，由于涂层与基体间的热膨胀不匹配的问题使得二硅化钼处于一个拉应力的状态，进而不能适应并调节这种拉应力不匹配问题，最终导致了在厚度方向上裂纹的形成[61]。对制备得到的二硅化钼涂层截面进行 EDS 能谱分析(图 5 - 4)，涂层中除了 Mo 和 Si 元素外没有检测到其他元素的存在，这说明涂层的成分是由 Mo 和 Si 组成。根据峰的强度分析对应元素的含量，Si 和 Mo 的原子比为 2.004，几乎等于 $MoSi_2$ 的计量比，得到的结果与前面的 XRD 和 EPMA 的分析结果吻合。从 EPMA 元素分布谱线中可以看出，在涂层与基体界面处接近基体的位置钼的浓度快速增加，而 Mo_5Si_3 层的形成使得在这个邻近位置的 Mo 的浓度增加，这与 Chakraborty 等[11]的报道一致。

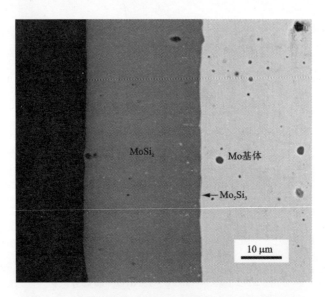

图 5 - 3 20Si - 5NaF - 75Al_2O_3(质量分数)在 1000℃下
包埋沉积 10 h 制备涂层截面的 BSE 照片

图 5 - 5 为 20Si - 5NaF - 75Al_2O_3(质量分数)在 1000℃下包埋沉积 10 h 制备的二硅化钼涂层表面形貌的 SEM 照片。涂层工艺是典型的化学气相沉积过程，从图中的插图中可以清晰地看出，涂层表面呈现出颗粒在表面的沉积，颗粒间的堆积较为紧密。涂层表面显得有些粗糙，并且观察到了细小的微裂纹存在。这些微裂纹形成的主要原因是二硅化钼涂层与基体间存在热膨胀不匹配的问题，在降

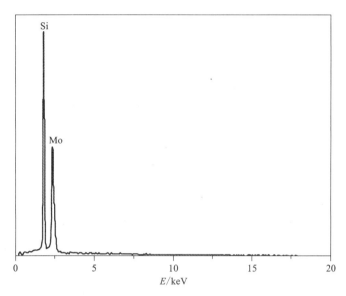

图 5 - 4　20Si - 5NaF - 75Al$_2$O$_3$（质量分数）在 1000℃下
包埋沉积 10 h 制备的二硅化钼涂层能谱分析

温过程中，由于热应力的释放，导致了微裂纹的形成。这些微裂纹可能会影响到涂层低温时的抗氧化性能，但是在高温下，由于 SiO$_2$ 的形成能在一定程度上将这些表面微裂纹愈合，以阻止氧在高温下对基体的氧化。

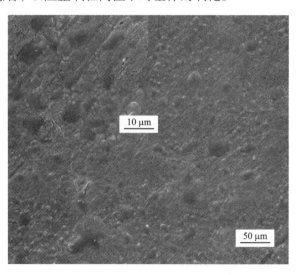

图 5 - 5　20Si - 5NaF - 75Al$_2$O$_3$（质量分数）在 1000℃下
包埋沉积 10 h 制备的二硅化钼涂层表面形貌的 SEM 照片

5.4 二硅化钼/硼化钼复合涂层

图 5 - 6 为 1000℃ 下包埋沉积 10 h 先渗硼后渗硅 – 两步原位化学气相沉积制备的二硅化钼/硼化钼复合涂层表面的 XRD 图谱。从图中可以看出，峰的位置正好对应着 $MoSi_2$ 相，并且没有检测到 Mo 和 Si 元素的存在。这说明两步原位化学气相沉积制备的涂层的外层为 $MoSi_2$ 层，与在基体钼上直接沉积 Si 得到成分相同，都是形成了稳定的四方晶体结构的 $\alpha - MoSi_2$，这也说明在此反应条件下，$MoSi_2$ 相具有较高的成长速率。根据 Mo – Si – B 三元相图，在涂覆有 MoB 涂层的基体钼上再沉积 Si 并形成了 $MoSi_2$ 涂层，这相当于 MoB – Si 组成了一个三元扩散偶。Si 与 MoB 反应生成了 $MoSi_2$ 和游离态的 B，B 继续向内扩散与基体钼反应，从反应的路径上看，在 MoB 层与 $MoSi_2$ 层之间有可能形成低硅化合物(Mo_5Si_3)和 Mo – Si – B 三元化合物(T_2)。但是，从反应产物上看，$MoSi_2$ 层的成长具有绝对的优势，与在钼基体上沉积一样具有较高的成长速率。

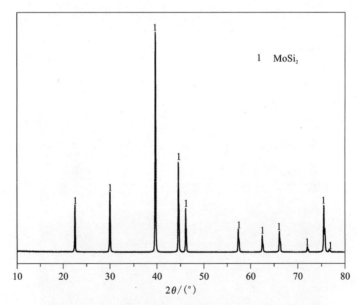

图 5 - 6 两步原位化学气相沉积制备的二硅化钼/硼化钼复合涂层表面的 XRD 图谱
（对应包埋混合粉的成分为 $0.8B - 5NaF - 94.2Al_2O_3$ 和 $20Si - 5NaF - 75Al_2O_3$（质量分数））

为了进一步分析涂层中各个元素的分布，采用电子探针能谱分析(EPMA)对两步原位化学气相沉积制备的二硅化钼/硼化钼复合涂层的截面进行定性和定量分析。定性分析结果大概反映了 Mo 元素、Si 元素和 B 元素在涂层和基体中的分布趋势(图 5 - 7),从图中可以看出,Mo、Si、B 三个元素分布组成了三个明显的区域,分别对涂层中的区域 1、区域 2 和区域 3 进行定量分析。分析结果显示,在区域 1 时,Si 元素和 Mo 元素的原子比为 2.12,与 $MoSi_2$ 化学式的计量比接近,结合 XRD 分析,区域 1 为通过原位化学气相沉积 Si 在 MoB 层表面制备得到的二硅化钼涂层。在区域 2 时,Mo 元素与 B 元素的原子比为 1.21,接近于 MoB 的计量比。区域 3 则对应基体钼的成分——Mo。从图中还可以发现存在两个过渡区,形成于 $MoSi_2$ 层与 MoB 层间和 MoB 层与钼基体间。在这两个区域对应着的 Mo 元素、Si 元素和 B 元素的浓度有增有减。

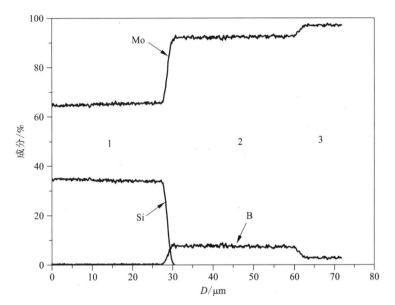

图 5 - 7　两步原位化学气相沉积制备的二硅化钼/硼化钼
复合涂层截面的 EPMA 图谱(对应包埋混合粉的成分为
$0.8B - 5NaF - 94.2Al_2O_3$ 和 $20Si - 5NaF - 75Al_2O_3$(质量分数))
1—$MoSi_2$; 2—MoB; 3—Mo

根据 Mo - Si - B 三元相图,在 $MoSi_2$ 层与 MoB 层之间有可能形成三元化合物 $MoSiB_2(T_2)$ 或者 $Mo_5Si_3(T_1)$ 或者 $T_1 + T_2$。根据 Mo - B 二元相图可知,在 MoB 层与基体钼之间只可能形成一种化合物 Mo_2B。

图 5 - 8 为两步原位化学气相沉积制备的二硅化钼/硼化钼复合涂层截面的 BSE 照片。从图中可以看到层与层之间,涂层与基体之间的界面轮廓非常明显。从外到内,包括基体在内一共有三层结构,分别是二硅化钼外层、硼化钼中间层和基体层。$MoSi_2$ 层与 MoB 层、MoB 层与基体钼之间的过渡区在图中没有观察

到,可能的解释为:一是过渡区域太薄;二就是涂层与基体相间的衬度影响,导致在照片上无法很好地显示出来。从截面的 EPMA 图谱分析中可以看出这种过渡区是存在的,这与之前在钼基体上直接沉积 Si 得到二硅化钼涂层的结果相似,在涂层与基体间形成了一层很薄弱的中间相层。

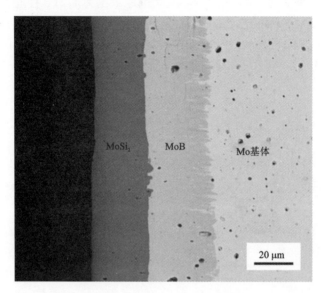

**图 5 - 8　两步原位化学气相沉积制备的二硅化钼/硼化钼复合涂层
截面的 BSE 照片(对应包埋混合粉的成分为 0.8B - 5NaF - 94.2Al₂O₃
和 20Si - 5NaF - 75Al₂O₃(质量分数))**

图 5 - 9 为两步原位化学气相沉积制备的二硅化钼/硼化钼复合涂层表面形貌的 SEM 照片。从图 5 - 9(a)中可以看出,复合涂层外层的二硅化钼涂层表面比较平整。涂层表面呈现出颗粒在表面的沉积,颗粒间的堆积较为紧密[图 5 - 9(b)]。表面呈现的一致方向平行的划痕是样品在打磨处理过程中留下的,随后就在此基础上不断沉积形成新的表面,但仍保留了样品表面之前的形貌特征。另外,在表面上也观察到了微裂纹的存在,与直接在钼基体上沉积硅而在表面形成微裂纹的原因是一样的。与图 5 - 5 相比,可以发现复合涂层的表面颗粒沉积得非常致密,并且沉积形成的颗粒较细小。

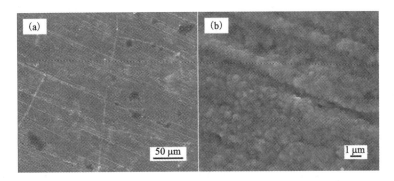

图 5 – 9　两步原位化学气相沉积制备的二硅化钼/硼化钼复合涂层
表面形貌的 SEM 照片（对应包埋混合粉的成分为 0.8B – 5NaF – 94.2Al$_2$O$_3$
和 20Si – 5NaF – 75Al$_2$O$_3$（质量分数））

（a）低倍数；（b）放大倍数

5.5　二硅化钼涂层成长的动力学研究

5.5.1　二硅化钼涂层的成长模型

图 5 – 10 为通过原位化学气相沉积在钼基体表面形成二硅化钼涂层的过程示意图，包埋的粉末是由一定比例的 Si 粉、NaF 活化剂（助渗剂）和 Al$_2$O$_3$ 惰性填充剂组成的混合粉末。一旦在包埋混合粉末中达到热力学平衡，二硅化钼涂层的形成过程就被分为以下 7 个步骤[87]：

（1）形成含 Si 气相物质（SiF、SiF$_2$、SiF$_3$ 和 SiF$_4$）的化学反应阶段。这些气相物质将 Si 运输到基体钼的表面，具体的化学反应为：

$$Si(s) \longrightarrow Si(g) \tag{5 – 1}$$

$$Si(s) + xNaF(l) \longrightarrow SiF_x(g) + xNa(g) \tag{5 – 2}$$

式中：x 是整数，范围为 1 ~ 4。

（2）含 Si 的气相物质从包埋的混合粉末中向基体钼表面的气相扩散阶段。

（3）含 Si 的气相物质在气相和二硅化钼涂层的界面上沉积 Si 的化学反应阶段。化学反应按以下 3 个反应进行：

$$SiF_x(g) \longrightarrow Si(s) + (x/2)F_2(g) \tag{5 – 3}$$

$$(x + 1)SiF_x(g) \longrightarrow Si(s) + xSiF_{x+1}(g) \tag{5 – 4}$$

$$SiF_x(g) + xNa(g) \longrightarrow Si(s) + xNaF(l) \tag{5 – 5}$$

（4）硅通过二硅化钼涂层到二硅化钼/钼界面的固态扩散阶段。

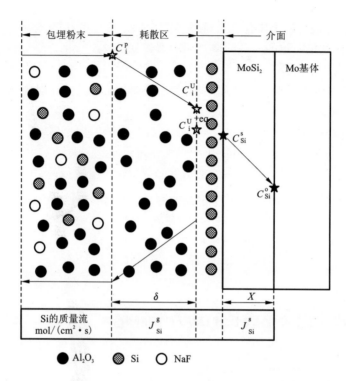

图 5 - 10　通过包埋法在钼基体上二硅化钼涂层形成的示意图[87]

（5）硅与钼基体反应在二硅化钼/钼界面形成二硅化钼涂层的化学反应阶段。化学反应按如下反应进行：

$$\mathrm{Mo(s) + 2Si(s) \longrightarrow MoSi_2(s)} \qquad (5-6)$$

（6）反应产物的气相物质从气相/二硅化钼涂层界面脱附阶段。

（7）气相卤化物反应产物返回到包埋混合粉末的气相扩散阶段。

速率限制阶段将决定着整个二硅化钼涂层的总的成长速率。假定化学反应阶段，如（1）、（3）、（5）和（6），不是在钼基体上包埋渗硅过程中二硅化钼涂层成长的速率限制阶段。

在钼基体上通过包埋渗硅形成的二硅化钼涂层的成长机制与在镍基或铁基上通过包埋渗铝过程形成镍铝化合物或铁铝化合物的成长机制相似。因此，Seigle 的成长模型可以用来描述二硅化钼涂层的成长机制。为了简化这个复杂的包埋渗的过程，使其变成更加可行的和可以解决的情况，Seigle 和他的研究团队[179-181]提出了 4 个假设用于这个研究。具体的假设如下：

（1）在气 – 固和/或气 – 液界面的化学反应非常快，以至于足以维持在反应的全部时间内的局部化学平衡。

（2）在包埋混合粉末中存在着硅的耗散区域。活化剂耗散区域的形成被认为与硅的耗散区域是一致的。硅耗散区域的宽带就是反应气相物质从包埋混合粉末到基体表面的扩散距离。

（3）含硅的气相物质的互扩散通过硅的耗散区域将硅从包埋混合粉末运输到二硅化钼涂层的表面。纯硅的蒸汽压是非常低的，以至于它对在包埋混合粉末中硅的运输率的贡献可以忽略；通过黏性流动硅的迁移的贡献也可以忽略。

（4）在包埋混合粉末满足质量守恒和总的压力为 1 个大气压的前提下，去计算包埋混合粉末中含硅气相物质的平衡气体分压。

将以上假设应用于在钼基体上包埋渗硅过程，那么二硅化钼涂层的成长速率将受到以下 3 个方面的控制：①通过气相扩散提供的硅量（J_{Si}^g）；②通过固态扩散形成二硅化钼涂层而消耗的硅量（J_{Si}^s）；③J_{Si}^g 和 J_{Si}^s 的动态平衡（$J_{Si}^g = J_{Si}^s$）。通过包埋渗硅过程向基体钼提供的硅量与基体上二硅化钼涂层的成长速率是成正比例的，所满足的方程如下[87]：

$$J_{Si} = 2/V(dh/dt) \quad [mol/(cm^2 \cdot s)] \tag{5-7}$$

式中：h 和 V 分别表示二硅化钼涂层的厚度和摩尔体积。

5.5.1.1　气相扩散控制过程

以上假设用于包埋渗硅过程，计算通过气相扩散阶段从包埋混合粉末到钼基体表面提供的硅量。假定在这里满足理想气体定律：

$$C_i = P_i/RT \tag{5-8}$$

第 i 个含硅气相物质在包埋粉末中和在基体表面的平衡局部分压（P_i 和 U_i）变化与钼基体邻近的硅耗散区域的宽度（δ）成线性关系，那么根据菲克第一定律就可以计算出运送到钼基体表面含硅气相物质的量（J_{Si}^g）[87]：

$$J_{Si}^g = -D_i^{eff}\frac{dC_i}{dh} = \frac{\sum a_i b_{Si,i} D_i^{eff}(P_i - U_i)}{RT\delta} \quad [mol/(cm^2 \cdot s)] \tag{5-9}$$

式中：D_i^{eff} 是第 i 个含硅气相物质的有效互扩散系数；C_i 是第 i 个含硅气相物质的浓度；R 是气体常数；T 为包埋沉积温度；a_i 和 $b_{Si,i}$ 为每摩尔第 i 个含硅气相物质 Si 的沉积系数和 Si 原子的数量。

由于不能得到有效互扩散系数，因此在计算第 i 个含硅气相物质的互扩散系数时仅考虑在整个气体中的扩散。对于二元气体通过多孔介质的互扩散系数能用以下方程表达[87]：

$$D_i^{eff} = (\varepsilon/\tau)D_i \tag{5-10}$$

式中：ε 和 τ 分别是包埋混合粉末的孔隙率系数和曲折系数。孔隙率是指包埋混合粉末中孔的体积与包埋粉末体积的比值，而曲折度指的是在多孔介质中有效平均路径长度与沿着宏观物质流动方向的最短距离比值的平方。尽管不能得到用于包埋渗硅过程中的曲折系数，Wakao 和 Simth[182] 近似得到了通过多孔介质气扩散的曲折系数：

$$\tau = 1/\varepsilon \tag{5-11}$$

当多孔介质具有较低的密度，大孔扩散占主导并且总的气压足够大以至于抑制了大孔中的克努森扩散时，方程(5-11)才成立。

因此，将方程(5-10)和(5-11)代入方程(5-9)中，便可得到通过传输到钼基体表面硅的量(J_{Si}^g)[87]：

$$J_{Si}^g = \frac{\varepsilon^2}{RT\delta} \sum a_i b_{Si,i} D_i (P_i - U_i) \tag{5-12}$$

从硅的耗散区迁移到二硅化钼涂层上的硅量 W_{Si}^g 可以表达为[87]：

$$W_{Si}^g (g/cm^2) = \delta\rho - \frac{1}{2} \left[\sum a_i b_{Si,i} M_{Si} (C_i^P - C_i^U) \right]\delta$$

$$= \delta \left[\rho - \frac{1}{2} \sum a_i b_{Si,i} M_{Si} \frac{(P_i - U_i)}{RT} \right] = \delta A \tag{5-13}$$

式中：C_i^P 和 C_i^U 分别为第 i 个含硅气相物质在包埋混合粉末中和在二硅化钼涂层表面上的浓度；ρ 是包埋混合粉末中硅的密度。通过固态扩散形成二硅化钼涂层消耗的硅量可以表达为[87]：

$$W_{Si}^s = \frac{2M_{Si}h}{V} (g/cm^2) \tag{5-14}$$

式中：M_{Si} 为硅的原子质量。

根据在气相和二硅化钼界面硅的质量达到平衡($W_{Si}^g = W_{Si}^s$)，可以计算出硅耗散区的宽度[87]：

$$\delta = \frac{2M_{Si}h}{VA} \tag{5-15}$$

将方程(5-15)带入方程(5-12)中，可以计算出通过气相扩散传输到二硅化钼表面的硅量[87]：

$$J_{Si}^g = \frac{\varepsilon^2 VA}{2M_{Si}RTh} \left[\sum a_i b_{Si,i} D_i (P_i - U_i) \right] \tag{5-16}$$

如果二硅化钼涂层的成长速率是受气相扩散阶段控制，那么第 i 个含硅气相物质在包埋混合粉末中的局部分压(P_i)要远远大于其在二硅化钼涂层表面时的局部分压(U_i)，因为在气-固和/或气-液界面上的化学反应速度非常快，从而使得在二硅化钼涂层表面上维持着局部平衡。如果二硅化钼涂层的成长速率是受气相扩散阶段控制的话，由于硅的耗散区的宽度随着包埋沉积时间的变化而变化，在包埋渗硅下不可能获得一个真正的稳定状态。此时的 J_{Si}^g 可以表达为[87]：

$$J_{Si}^g = \frac{\varepsilon^2 VA}{2M_{Si}RTh} \sum a_i b_{Si,i} D_i P_i \tag{5-17}$$

将方程(5-17)代入到方程(5-7)中并结合包埋沉积时间(t)和二硅化钼涂层的厚度(x)就可以计算出二硅化钼涂层的成长速率[87]:

$$h^2 (\text{cm}^2) = \left(\frac{\varepsilon^2 V^2 A}{2M_{Si}RT} \sum a_i b_{Si,i} D_i P_i \right) t = k_p^g t \tag{5-18}$$

式中:k_p^g 为通过气相扩散控制的二硅化钼涂层的抛物线成长速率常数。为了获得 k_p^g 的值,需要知道 ε、A、a_i、$b_{Si,i}$、D_i 和 P_i 的值。假设所有含硅气相物质都通过硅的耗散区从包埋混合粉末迁移到基体钼的表面,因此 a_i 和 $b_{Si,i}$ 的值就变成了一个整体。并且 ρ 和 ε 通过实验获得,P_i 和 D_i 的值分别通过 Solgasmix-PV 程序和理论计算得到,那么就可以通过方程(5-18)得到理论的 k_p^g 值。

Levine 等[183]也报道了这种迁移和沉积过程,并给出了一定沉积时间内在金属或合金基体表面的单位面积上沉积的硅量 $m(\text{mg/cm}^2)$ 的另一个表达式:

$$m^2 = \left[\frac{2\rho\varepsilon M_{Si}}{lRT} \sum D_i (P_i - U_i) \right] t \tag{5-19}$$

式中:l 为包埋混合粉末中孔的长度;ε/l 为根据包埋混合粉末的孔隙率和孔的长度得到的一个矫正因子,方程式右边其他的物理量与前面定义的含义相同。从方程(5-12)和(5-19)中可以发现,气相硅的氟化物在包埋混合粉末中和基体表面上的分压差是导致气相硅的氟化物迁移到钼基体表面的驱动力,并且在钼表面通过沉积形成二硅化钼涂层。SiF_4 是一种耗散物质,在热力学上沉积困难,并且它不能将氟化物重新带回到包埋混合粉末中以重新形成气相的低氟化物,低氟化物是用于沉积的。根据 Majumdar 等[69]的报道,在形成的所有氟化物中,SiF_2 的分压最高,SiF 具有非常低的分压。而 SiF_4 和 SiF_3 相对非常稳定,因此,SiF_2 的迁移和分解控制着涂层形成过程。考虑到 ρ 与包埋混合粉末中硅的质量分数是成比例的,因此,方程(5-19)可以写成[69]:

$$m^2 = \left(\frac{2\varepsilon M_{Si} D_{SiF_2}}{lRT} \right) W_{Si} P_{SiF_2} t \tag{5-20}$$

SiF_2 的分压为[69]:

$$P_{SiF_2} = k W_{NaF}^2 \tag{5-21}$$

式中:k 为平衡常数;W_{NaF} 是包埋混合粉末中 NaF 活化剂的质量分数。将方程(5-21)代入(5-20)中,得到[69]:

$$m^2 = \left(\frac{2\varepsilon M_{Si} D_{SiF_2} k}{lRT} \right) W_{Si} W_{NaF}^2 t \tag{5-22}$$

或者

$$m = \frac{k_m}{T^{1/2}} W_{Si}^{1/2} W_{NaF} t^{1/2} \tag{5-23}$$

式中:k_m 在一定温度下为常数。

5.5.1.2 固态扩散控制过程

通常情况下，通过包埋渗硅在钼基体上制备二硅化钼涂层的处理温度都是比较高的，一般是大于900℃，因此在这么高的温度下，控制着二硅化钼涂层成长的速率的是硅通过二硅化钼涂层表面扩散到 $MoSi_2/Mo$ 界面的固态扩散过程，而不是通过 Si 与 Mo 发生反应生成二硅化钼的化学反应过程[78, 184]。众所周知，Si 在 $MoSi_2$ 相中的非化学计量要低于 0.2%（原子分数），因此 Si 通过 $MoSi_2$ 相的扩散在成分上是不受影响的。这也是 Si 在化合物中扩散的原因，而且 Si 是在 $MoSi_2$ 相中主要的扩散元素[78, 80, 126, 127]。根据菲克第一定律，通过固态扩散硅从二硅化钼涂层表面迁移到 $MoSi_2/Mo$ 的界面处所消耗的硅量可以表达为[87]：

$$J_{Si}^s = -D_{Si} \frac{(C_{Si}^0 - C_{Si}^s)}{h} \quad [\text{mol}/(\text{cm}^2 \cdot \text{s})] \qquad (5-24)$$

式中：D_{Si} 是硅在 $MoSi_2$ 相中的扩散系数；C_{Si}^0 和 C_{Si}^s 分别为在 $MoSi_2/Mo$ 界面和二硅化钼涂层表面时硅的浓度。如果固态扩散过程控制着二硅化钼涂层的生长速率，那么应该满足条件 $J_{Si}^s \gg J_{Si}^r$，将方程（5-24）带入到方程（5-7）中并结合包埋沉积时间和得到的二硅化钼涂层的厚度可以计算出此时的二硅化钼涂层的成长速率[87]：

$$h^2 = (VD_{Si}\Delta C_{Si})t = k_p^s t \quad (\text{cm}^2) \qquad (5-25)$$

式中：$\Delta C_{Si}(= C_{Si}^s - C_{Si}^0)$ 是贯穿整个成长的二硅化钼涂层的硅的浓度梯度；k_p^s 是受固态扩散过程控制的二硅化钼涂层的抛物线成长速率常数。

作为涂层成长的最后一个阶段是固相扩散控制的硅在钼基体中向内的扩散，在一定的温度和其他工艺参数下，m 和 $t^{1/2}$ 之间的线性关系是明显的，并且许多研究人员在进行包埋渗的过程中观察到[183, 185]。假设基体材料在包埋过程中不存在质量损失，并且形成涂层的硅化物（Mo_xSi_y）具有很好的化学计量，那么基体的增重（m，mg/cm^2）和涂层的厚度（h，μm）之间的关系可以表达为[69]：

$$h = \frac{10M_c}{yM_{Si}\rho_c}m = k_1 m \qquad (5-26)$$

式中：k_1 是一个包含硅的原子量（M_{Si}），涂覆化学计量的硅化物（Mo_xSi_y）的分子量（M_c）和密度（ρ_c）的常数。将方程（5-26）代入方程（5-23）中可以得到[69]：

$$h = \frac{k_h}{T^{1/2}}W_{Si}^{1/2}W_{NaF}t^{1/2} \qquad (5-27)$$

式中：k_h 在一定温度下为常数。k_h 随温度的变化关系可以用下面的关系式表达[69]：

$$k_h = k_0 \exp\left(-\frac{E_a}{RT}\right) \qquad (5-28)$$

式中：E_a 为涂层成长过程的活化能；k_0 为一个常数。最后将方程（5-28）代入方程(5 – 27)中,就可以得到涂层成长过程的最终动力学方程[69]。

$$h = \frac{k_0}{T^{1/2}} W_{Si}^{1/2} W_{NaF} t^{1/2} \exp\left(-\frac{E_a}{RT}\right) \tag{5 – 29}$$

式中:从方程(5 – 29)中可以看到涂层的成长速率与温度(T)、时间(t)和包埋混合粉末成分,如硅的质量百分数(W_{Si})和活化剂的质量百分含量(W_{NaF})之间的关系。在一定温度下包埋沉积一定时间,涂层的厚度随着硅含量和 NaF 的含量增加而增加;同时也表明了在温度、时间、NaF 含量一定的情况下,涂层厚度与 $W_{Si}^{1/2}$ 之间成线性增加的关系。

5.5.2　沉积工艺条件与二硅化钼涂层成长速率之间的关系

5.5.2.1　沉积时间对二硅化钼涂层成长的影响规律

包埋混合粉末成分为 20% Si、5% NaF 和 75% Al_2O_3,在 1000℃下研究包埋沉积时间(1 ~ 20 h)对二硅化钼涂层厚度的影响规律。图 5 – 11 为 20Si – 5NaF – 75Al_2O_3(质量分数)在 1000℃时二硅化钼涂层成长的动力学曲线,从图中可以看出,二硅化钼涂层的厚度(h)与时间的平方根($t^{1/2}$)呈线性关系。得到的结果与用方程(5 – 29)在一定温度和包埋混合粉末成分(硅的含量、NaF 的含量)下预测结果一致。图 5 – 11 中的直线是对数据点用最小二乘法拟合的,它满足的关系为:

$$h = 8.42t^{1/2} + 3.14 \tag{5 – 30}$$

式中:h 的单位是 μm;t 的单位是 h。

从关系式(5 – 30)中可以看出,在厚度方向上存在一个相对较小的偏移量 3.14,这可能是由于二硅化钼层的成长在升温和降温阶段已经发生,并且涂层的制备温度相对较高(1000℃)。

5.5.2.2　沉积温度对二硅化钼涂层成长的影响规律

包埋混合粉末成分为 20% Si、5% NaF 和 75% Al_2O_3,包埋沉积时间为 10 h 时研究包埋沉积温度(800 ~ 1050℃)对二硅化钼涂层厚度的影响规律。外层涂层中硅的浓度是恒定的,而且内层的 Mo_5Si_3 层在厚度上呈现出很小幅度的成长。通过 XRD、EDS 和 EPMA 分析得出,在所有温度范围内,所形成的涂层外层被确定为 $MoSi_2$。因此,温度仅仅影响二硅化钼涂层厚度或者成长速率的变化。同时可以看到,相对于包埋沉积时间(t),沉积温度对二硅化钼涂层厚度成长具有更显著的影响,特别是在高温阶段。将方程(5 – 29)重新改写为:

$$\ln(T^{1/2}h) = -\frac{E_a}{RT} + \ln k_0 + \frac{1}{2}\ln(W_{Si}t) + \ln(W_{NaF}) \tag{5 – 31}$$

因此,在一定的包埋时间、硅的含量和 NaF 的含量情况下,沉积温度为 800 ~ 1050℃时二硅化钼涂层的成长过程的活化能 E_a 可以通过 $\ln(T^{1/2}h) - 1/T$ 的曲线的斜率求得。通过对实验数据用最小二乘法拟合,从图 5 – 12 中可以看出

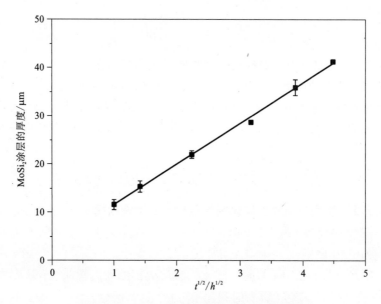

图 5 – 11　20Si – 5NaF – 75Al₂O₃ (质量分数)
在 1000℃时二硅化钼涂层成长的动力学曲线

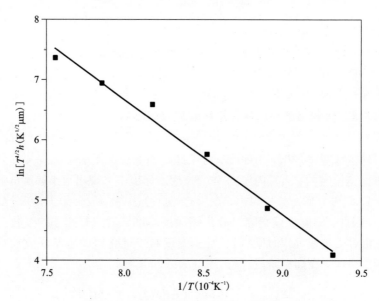

图 5 – 12　20Si – 5NaF – 75Al₂O₃ (质量分数)
包埋沉积 10 h 时 ln($T^{1/2}h$) 与 1/T 之间的关系曲线

$\ln(T^{1/2}h)$ 与 $1/T$ 之间呈现出一个好的线性拟合。通过曲线斜率计算出二硅化钼成长的活化能为 158.72 ± 9.14 kJ/mol。对于整个涂层制备过程，通过斜率计算得到的活化能只是一个定性的数值。

5.5.2.3　硅的含量对二硅化钼涂层成长的影响规律

图 5 – 13 为 1000℃ 包埋沉积 10 h 渗硅得到的二硅化钼涂层的厚度与包埋粉中硅的含量之间的变化关系。从图中可以看出，随着硅含量的增加，涂层的厚度是逐渐增加的，但是涂层中的化学成分并没有变化，和图 5 – 3 中是一致的。因此，包埋粉中硅含量的变化对制备出的涂层的成分没有影响，硅的含量是方程 (5 – 29) 中关键假设的其中一个。涂层结构由厚的 $MoSi_2$ 外层和非常薄的 Mo_5Si_3 层组成，但是与外层的成长速率相比，内层的成长速率几乎可以忽略。从图中还可以看出，涂层的厚度 (h) 与包埋粉中硅的含量的平方根 ($W_{Si}^{1/2}$) 成线性关系，这与方程 (5 – 29) 的预测是一致的。对实验的数据点通过最小二乘法进行拟合，得到图 5 – 13 中的直线，其方程可以表达为：

$$h = 3.46 W_{Si}^{1/2} + 12.77 \tag{5 – 32}$$

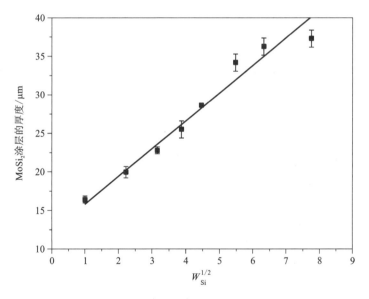

图 5 – 13　1000℃包埋沉积 10 h 渗硅得到的二硅化钼涂层的厚度与包埋粉中硅含量之间的变化关系

5.6 二硅化钼/硼化钼复合涂层成长的动力学研究

沉积工艺条件对硼化钼涂层在钼基体上成长的影响规律已经在第 4 章中讨论，因此，这里只研究沉积工艺条件（沉积时间 t 和沉积温度 T）与在硼化钼层上沉积制备出的二硅化钼涂层的成长速率之间的关系。这里研究沉积工艺条件对二硅化钼涂层成长的影响规律时所制备的硼化钼层都是采用相同的包埋混合粉成分（0.8% B、5% NaF、94.2% Al_2O_3）和涂层沉积工艺条件（1000℃下沉积 10 h）。由于本节只研究了沉积时间和沉积温度与在硼化钼层上制备的二硅化钼涂层的成长之间的关系，因此沉积硅制备复合涂层的外层——二硅化钼涂层时也都是使用相同成分的包埋混合粉末（20% Si、5% NaF 和 75% Al_2O_3）。

5.6.1 沉积时间对在硼化钼层上制备的二硅化钼涂层成长的影响规律

在 1000℃下研究包埋沉积时间（1～20 h）对在硼化钼层上制备的二硅化钼涂层厚度的影响规律。图 5-14 为在 1000℃时复合涂层外层-二硅化钼涂层成长的动力学曲线，从图中可以看出，二硅化钼涂层的厚度（h）与时间的平方根（$t^{1/2}$）呈线性关系。得到的结果与用方程（5-29）在一定温度和包埋混合粉末成分（硅的含量、NaF 的含量）下预测结果一致。图 5-14 中的直线是对数据点用最小二乘法拟合的，它满足的关系为：

$$h = 10.49t^{1/2} + 1.43 \tag{5-33}$$

式中：h 的单位是 μm；t 的单位是 h。

从式（5-33）中可以看到，在厚度方向上存在一个相对较小的偏移量 1.43，这可能是由于二硅化钼层的成长在升温和降温阶段已经发生，并且涂层的制备温度相对较高（1000℃）。

5.6.2 沉积温度对在硼化钼层上制备的二硅化钼涂层成长的影响规律

包埋混合粉末成分为 20% Si、5% NaF 和 75% Al_2O_3，包埋沉积时间为 10 h 时研究包埋沉积温度（800～1050℃）对硼化钼层上形成的二硅化钼涂层厚度的影响规律。复合涂层外层中硅的浓度是恒定的，通过 XRD、EDS 和 EPMA 分析得出，在所有温度范围内，所形成的涂层外层确定为 $MoSi_2$。因此，温度仅仅影响二硅化钼涂层厚度或者成长速率的变化。同时可以看出，相对于包埋沉积时间（t），沉积温度对二硅化钼涂层厚度成长具有更显著的影响，特别是在高温阶段。这里同样满足方程（5-31）。

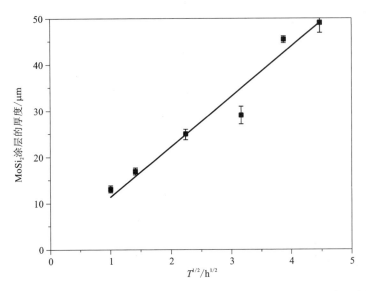

图 5 – 14　1000℃下沉积时间对硼化钼层上制备的二硅化钼涂层成长的影响规律

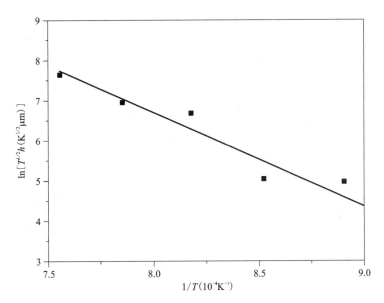

图 5 – 15　$20Si – 5NaF – 75Al_2O_3$（质量分数）包埋沉积 **10 h** 硼化钼层上
制备二硅化钼涂层 $\ln(T^{1/2}h)$ 与 $1/T$ 之间的关系曲线

　　因此，在一定的包埋时间、硅的含量和 NaF 的含量下，沉积温度为 800 ~
1050℃时二硅化钼涂层的成长过程的活化能 E_a 可以通过 $\ln(T^{1/2}h) – 1/T$ 的曲线

的斜率求得。通过对实验数据用最小二乘法拟合,从图 5 – 15 中可以看出 $\ln(T^{1/2}h)$ 与 $1/T$ 之间呈现出一个好的线性拟合。通过曲线斜率计算出二硅化钼成长的活化能为 194.45 ± 20.78 kJ/mol。对于整个涂层制备过程,通过斜率计算得到的活化能只是一个定性的数值。

5.7 二硅化钼/硼化钼复合涂层的力学性能

表 5 – 6 为两步原位化学气相沉积制备的二硅化钼/硼化钼复合涂层中各层的硬度和弹性模量值。各层的制备工艺相同,都是在 1000℃ 包埋沉积 10 h。对应的包埋混合粉末成分分别为 0.8B – 5NaF – 94.2Al$_2$O$_3$ 和 20Si – 5NaF – 75Al$_2$O$_3$(质量分数)。

从表中可以看出,复合涂层的内层——硼化钼层具有很高的硬度(HV 2958.15)和弹性模量(478.57 GPa),因此,硼化钼在工业上常用作抗摩擦磨损的防护材料。而二硅化钼层也具有适中的硬度值(HV 1811)和弹性模量值(381.65 GPa),因此,二硅化钼同样可以作为抗摩擦磨损材料。

表 5 – 6 二硅化钼/硼化钼复合涂层中各层的硬度和弹性模量

	HIT(GPa)	HV	EIT(GPa)
MoB	31.94	2958.15	478.57
MoSi$_2$	19.56	1811.09	381.65

5.8 本章小结

本章通过原位化学沉积法在钼基体表面成功制备出二硅化钼/硼化钼复合涂层,系统地研究了沉积工艺条件对涂层的成长影响规律,并研究了二硅化钼/硼化钼复合涂层的力学性能,得出以下结论:

(1)通过两步原位化学气相沉积(先沉积硼后沉积硅)在钼基体表面成功制备出了具有双层结构的二硅化钼/硼化钼复合涂层。

(2)二硅化钼/硼化钼复合涂层表面比较平整,呈现出细小颗粒相互堆积的表面形貌特征,并且涂层表面的颗粒沉积比较致密,沉积形成的颗粒较细小。复合涂层具有双层结构特征,从外到内依次分别为 MoSi$_2$ 外层和 MoB 内层,层与层、层与基体间的界面明显。

(3)复合涂层中二硅化钼外层的厚度随着包埋时间的延长而增加,并且涂层厚度(h)与时间的平方根($t^{1/2}$)呈线性关系。它满足的关系式为 $h = 10.49t^{1/2} + 1.43$，在厚度方向上存在一个相对较小的偏移量 1.43。

(4)复合涂层二硅化钼外层的厚度随着温度的增加而增加。复合涂层外层涂层中硅的浓度是恒定的，所形成的涂层外层为 $MoSi_2$，温度仅影响二硅化钼涂层厚度或者成长速率的变化。同时可以看出，相对于包埋沉积时间(t)、沉积温度对二硅化钼涂层厚度成长具有更显著的影响，特别是在高温阶段。通过计算 $\ln(T^{1/2}h) - 1/T$ 的曲线的斜率得到二硅化钼成长的活化能为 194.45 ± 20.78 kJ/mol。

(5)复合涂层中 MoB 层具有很高的硬度和弹性模量，分别为 HV 2958.1 和 478.57 GPa；而二硅化钼外层也具有较高的硬度(HV 1811)和弹性模量(381.65 GPa)。

第 6 章　二硅化钼/硼化钼复合涂层的氧化性能和涂层中硅元素扩散

6.1　引言

由于低的电阻率、良好的热传导性和优异的氧化抵抗能力,二硅化钼已经广泛应用于温度高达 1700℃氧化环境下的发热元件,并能在 1900℃的高温下短期使用。因此,二硅化钼被认为是难熔金属钼在高温氧化环境中的理想防护涂层材料。

用于钼基体上的二硅化钼涂层具有优异的高温抗氧化性能,其氧化机理是源于高温氧化环境下,二硅化钼表面能形成一层连续、致密的二氧化硅保护膜,这层保护膜能很好的阻止氧对内部二硅化钼的进一步氧化,从而起到了对基体的高温防护作用[10, 11, 61, 68, 88, 89]。

众所周知,二硅化钼具有韧脆转变温度(DBTT)[186],因此,对于在 1000℃以上大气环境中应用的二硅化钼涂层而言,其中一个主要应用障碍就是循环氧化抵抗能力差,这主要是由于二硅化钼涂层与基体钼间的热膨胀系数不匹配而导致二硅化钼涂层在热循环过程中因应力的释放而在涂层中产生裂纹[6, 7]。裂纹的形成将可能导致二硅化钼涂层提前失去对基体材料的保护能力。通过引入具有合适热膨胀系数的第二相来调整二硅化钼涂层的热膨胀系数是一个非常简单的方法,以此降低涂层在使用过程中产生的裂纹数量,如复合涂层。Maloney 等[123]报道过 $SiC(4.0 \times 10^{-6}/K)$ 和 $Si_3N_4(2.9 \times 10^{-6}/K)$ 是非常理想的调节相去降低二硅化钼的热膨胀系数,因为 SiC 和 Si_3N_4 在化学上都与二硅化钼兼容,而且不会损害二硅化钼涂层的抗氧化性能。Hsieh 等[124, 125]研究发现通过热等静压方法制备的掺入 30% ~ 35%(体积分数)Si_3N_4 的二硅化钼复合材料的热膨胀系数在 1000 ~ 1500℃的温度范围内与金属钼的热膨胀系数非常接近。通过化学气相沉积法在钼基体上成功地制备出 $MoSi_2/\beta - SiC$ 复合涂层和无裂纹的 $MoSi_2/\alpha - Si_3N_4$ 复合涂层[71-74, 82]。相对于单一的 $MoSi_2$ 涂层,$MoSi_2/\beta - SiC$ 复合涂层大大地降低了涂层中产生的裂纹的数量,这是由于涂层中引入的 SiC 第二相降低了二硅化钼涂层的热膨胀系数,使得复合涂层的热膨胀系数比较接近基体钼的热膨胀系数,从而降低了涂层与基体间的热应力,也就减少了形成的裂纹数量。制备的无裂纹的

$MoSi_2/\alpha-Si_3N_4$ 复合涂层说明涂层与基体钼的热膨胀系数非常接近，在涂层与基体间几乎没有过多的热应力产生，因此，整个涂层呈现出完整的结构。

二硅化钼涂层的另一个应用障碍就是在低温区 400～600℃ 范围氧化会发生结构上的严重损坏，这就是众所周知的"Pesting"现象。在二硅化钼的氧化过程中，假设所有的二硅化钼都转化成了三氧化钼和二氧化硅，体积膨胀将达到之前体积的 2.5 倍[99, 100]。大量的体积膨胀将在裂纹、孔洞和晶界处产生楔应力从而导致二硅化钼灾难性的分解。Mueller[26] 和 Cockeram[84] 都报道过 Ge 的添加能够改善二硅化钼涂层的低温"Pesting"氧化抵抗力；此外，通过在表面应用一层碱金属盐层，能够使得二硅化钼在 500℃ 下经历 2500 h 的低温氧化没有出现加速氧化而导致的"Pesting"现象。Yoon 等[75, 187] 在钼基体上制备的 $MoSi_2/SiC$ 和 $MoSi_2/Si_3N_4$ 纳米复合涂层在大气环境中 500℃ 下表现出优异的低温抗氧化性能和抗热震性能，并没有表现出任何的"Pesting"的信号。

之前这些研究在改善二硅化钼涂层与基体钼间的热膨胀系数不匹配的问题和低温抗氧化性能方面做了大量的工作。然而，二硅化钼涂层的另一个应用障碍就是在高温下基体钼上的二硅化钼涂层中硅元素会向基体扩散并与基体发生反应，这将减少表面二硅化钼涂层的厚度并降低涂层的有效服役寿命。当几十到上百微米厚度的二硅化钼涂层应用到高温大气环境中，涂层发生抛物线型的氧化，直到涂层中的 $MoSi_2$ 相通过固态扩散反应完全转化为富钼低硅的中间相 Mo_5Si_3 和 Mo_3Si，而这些中间相难以在表面形成一层连续的二氧化硅保护膜，随后将发生快速的氧化。尽管研究人员在 $Si-Mo^{[77, 129, 177, 178, 188]}$、$MoSi_2-Mo^{[77, 78, 80, 126, 127]}$ 和 $Mo_5Si_3-Mo^{[77, 78, 128]}$ 扩散偶中对硅在基体钼中的扩散和中间相的成长动力学进行了广泛的研究，以预测基体上的二硅化钼涂层的使用寿命。但是在钼基体上如何设计合理的涂层结构，以改善或延缓高温下硅向基体扩散的速率，从而达到保证二硅化钼涂层的正常使用寿命或者更长的服役周期的相关研究比较少[189-191]。

本章通过原位化学沉积法在钼基体表面制备了二硅化钼涂层和二硅化钼/硼化钼复合涂层，研究了二硅化钼涂层和二硅化钼/硼化钼复合涂层的高温抗氧化性能以及涂层中硅元素的扩散[192]。

6.2 实验方法

6.2.1 基体的准备

基体材料为钼棒，采用线切割的方式将钼棒加工成尺寸规格为 $\phi18$ mm × 2 mm 的试样。为了除去钼基体表面的油渍、氧化物和粉尘以提高表面的活性，所有的试样在涂覆涂层前须经过表面打磨、超声波清洗和烘干等处理。具体步骤是先在磨抛机上依次按 240#、400#、600#、800# 和 1000# 水磨砂纸将试样进行磨抛处理(除去试样表面的氧化皮)以获得新鲜的金属表面;经磨抛处理后的试样在无水乙醇中用超声波清洗器清洗 10 min 除去表面的粉尘和油渍;最后将清洗干净的试样吹干后放入干燥皿中备用。

6.2.2 二硅化钼涂层和二硅化钼/硼化钼复合涂层的制备

将 30 g 混合粉末(二硅化钼涂层——工艺 2;二硅化钼/硼化钼复合涂层——先在钼基体上沉积硼得到硼化钼层(工艺 1),接着在制备好的硼化钼层上沉积硅(工艺 2))装入 30 mL 的刚玉坩锅中,并将清洗干净备用的试样埋入混合粉末中,然后用氧化铝的盖子盖上并用氧化铝基高温黏接剂密封。将密封好的坩埚放入恒温干燥箱中,在 60℃恒温下干燥处理 12 h。随后将刚玉坩埚放入通有氩气保护的管式炉中以 10℃/min 的升温速率升温,逐步将温度升到 1000℃,保温 10 h,最后随炉冷却到室温。将处理好的试样从刚玉坩埚中取出并用水冲洗去除表面附着的粉末,然后将试样放入装有无水乙醇的烧杯中用超声波清洗器清洗并烘干处理备用。具体的制备工艺列于表 6-1 中。

表 6-1   沉积硼和硅的工艺条件和包埋混合粉末成分(质量分数)

序号	温度 (℃)	时间 (h)	硼含量 (%)	硅含量 (%)	NaF 含量 (%)	Al_2O_3 含量 (%)
1	1000	10	0.8	—	5	94.2
2	1000	10	—	20	5	75

6.3   二硅化钼/硼化钼复合涂层的氧化性能研究

6.3.1   氧化动力学研究

图 6-1 和图 6-2 分别为单层二硅化钼涂层和双层二硅化钼/硼化钼复合涂层在 1200℃和 1300℃时的氧化动力学曲线。从图中可以看出,二硅化钼单层和二硅化钼/硼化钼复合涂层在所有氧化温度都显示了初期的快速氧化而造成的质量增重,经历了快速氧化之后涂层试样就进入了一个氧化速率相对低的缓慢氧化阶段。在氧化初期,涂层表面的氧化物保护膜还没有形成,空气中的氧很容易与硅发生反应,这时就可以观察到具有快速的氧化速率的氧化阶段。此时氧和硅的反应在动力学曲线上表现为线性阶段,其斜率为一个线性速率常数[102, 193]。为了准确地评估涂层试样的抗氧化性能,这里先假设线性氧化阶段完全在 3 h 内完

成，在研究测试的温度范围内，二硅化钼快速地完成线性氧化已经被研究人员报道过[194]。在线性氧化阶段，氧化物形核成长的同时向一旁流动以覆盖整个涂层试样，从而隔绝试样周围空气中的氧[194]。基于这一点，硅和氧需要通过二硅化钼涂层和二氧化硅氧化物层扩散，从而到达二氧化硅层/二硅化钼涂层的界面处进行氧化反应。

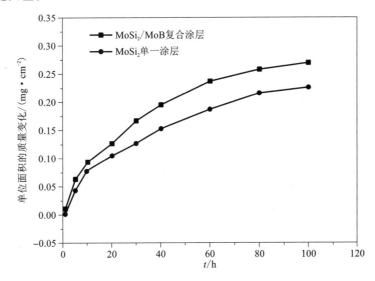

图 6 - 1　二硅化钼单一涂层和二硅化钼/硼化钼复合涂层在 1200℃的氧化动力学曲线

　　当二氧化硅氧化物层覆盖了整个涂层试样时，涂层试样的线性氧化就结束了并开始进入了下一个阶段——抛物线型氧化阶段。随着氧化时间的增加，涂层试样的氧化速率逐步降低。如果此时的氧化是通过扩散控制的话，那么涂层试样质量的增加对应时间的曲线应该是抛物线。在测试温度下，图中代表二次多项式的曲线非常接近实验数据。从而也就说明了在测试温度下涂层试样质量的变化与氧化时间之间服从抛物线型的动力学规律。

　　抛物线型的氧化速率常数（k_p）可以通过计算涂层试样的增重的平方与氧化时间曲线的斜率得到。图 6 - 3 和图 6 - 4 为二硅化钼单层和二硅化钼/硼化钼复合涂层在 1200℃和 1300℃氧化时涂层试样增重的平方与氧化时间的变化关系曲线。从图中可以很清楚的看到氧化速率随着氧化温度的变化而变化。随着氧化温度的上升，氧化速率常数的变化变得更加明显。氧化速率常数这样的变化已经被报道过，主要是认为二氧化硅发生了相变[195]。通过对图 6 - 3 和图 6 - 4 中直线斜率的计算可以得到不同温度下的氧化速率常数，具体数值列入表 6 - 2 中。从表中可以看到二硅化钼单层和二硅化钼/硼化钼复合涂层在 1200℃下的氧化速率

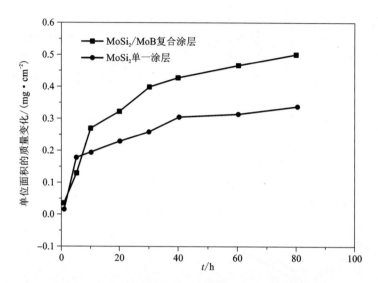

图 6-2　二硅化钼单一涂层和二硅化钼/硼化钼复合涂层
在 1300℃的氧化动力学曲线

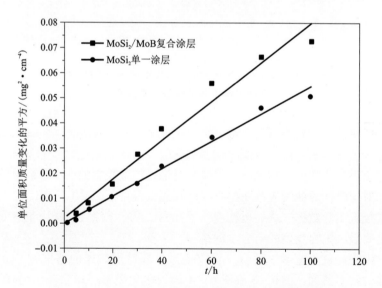

图 6-3　二硅化钼单一涂层和二硅化钼/硼化钼复合涂层
在 1200℃氧化时涂层试样增重的平方与氧化时间的变化曲线

常数分别为 5.42×10^{-4} mg^2/(cm^4 · h)和 7.80×10^{-4} mg^2/(cm^4 · h)，而在 1300℃
下的氧化速率常数分别为 1.31×10^{-3} mg^2/(cm^4 · h)和 3.14×10^{-3} mg^2/(cm^4 · h)。

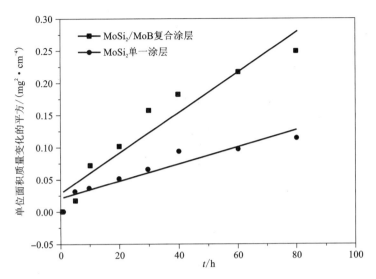

图 6 – 4　二硅化钼单一涂层和二硅化钼/硼化钼复合涂层
在 1300℃氧化时涂层试样增重的平方与氧化时间的变化曲线

表 6 – 2　二硅化钼单层和二硅化钼/硼化钼
复合涂层分别在 1200℃和 1300℃时氧化速率常数

涂层类别	$k_p [\mathrm{mg^2/(cm^4 \cdot h)}]$	
	1200℃	1300℃
$MoSi_2$ 单层	5.42×10^{-4}	1.31×10^{-3}
$MoSi_2/MoB$ 复合涂层	7.80×10^{-4}	3.14×10^{-3}

6.3.2　氧化产物分析

图 6 – 5 是二硅化钼单一涂层和二硅化钼/硼化钼复合涂层在 1200℃氧化100 h 后表面的 XRD 图谱。图中 a 和 b 分别对应着二硅化钼单一涂层和二硅化钼/硼化钼复合涂层氧化 100 h 表面的 XRD 图谱，c 和 d 分别是 a 和 b 的局部放大图。

从图中可以看出，涂层经历 1200℃氧化 100 h 后表面的 XRD 分析显示均有 SiO_2、$MoSi_2$ 和 Mo_5Si_3 的衍射峰存在。涂层外表面已经被一层 SiO_2 膜覆盖，在氧化膜的下方是由 $MoSi_2$ 和 Mo_5Si_3 相组成。根据涂层试样氧化后的 XRD 结果可知，涂层在氧化过程可能发生的反应为：

$$\frac{5}{7}MoSi_2(s) + O_2(g) \longrightarrow \frac{1}{7}Mo_5Si_3(s) + SiO_2(s) \qquad (6-1)$$

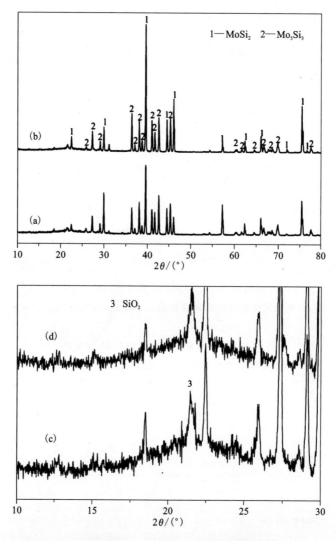

**图6-5 二硅化钼单一涂层和二硅化钼/硼化钼复合涂层
在1200℃氧化100 h后涂层表面的XRD图谱**
(a)二硅化钼单一涂层；(b)二硅化钼/硼化钼复合涂层；
(c)和(d)分别是(a)和(b)的局部放大

图6-6是二硅化钼单一涂层和二硅化钼/硼化钼复合涂层在1300℃氧化80 h后表面的XRD图谱。图中a和b分别对应着二硅化钼单一涂层和二硅化钼/硼化钼复合涂层氧化80 h表面的XRD图谱。从图中可以看出，二硅化钼单一涂层经历1300℃氧化80 h后表面的XRD分析显示为SiO_2和Mo_5Si_3相。在XRD图谱中

$MoSi_2$ 峰的不存在，则说明了涂层的主要相 $MoSi_2$ 相也发生了转变，一方面与通过薄的氧化物膜(SiO_2)扩散进来的氧发生了反应，并生成了 Mo_5Si_3 和 SiO_2，但是这个过程消耗掉的 $MoSi_2$ 是非常少的；$MoSi_2$ 被消耗掉的最主要原因为硅元素在其内部向基体进行了扩散并反应生成了富钼相硅化物（Mo_5Si_3 或 Mo_3Si 相），这一现象已经在大量的研究中观察到[61, 80, 126, 127]［图 6-6(a)］。而二硅化钼/硼化钼复合涂层氧化后表面的 XRD 分析显示有 SiO_2、$MoSi_2$ 和 Mo_5Si_3 的存在［图 6-6(b)］。另外，1300℃氧化 80 h 后在涂层表面仍检测到 $MoSi_2$ 相的存在，说明二硅化钼涂层中的硅元素在高温下向基体内的扩散受到了阻挡，延缓了硅在涂层内部的扩散速度，这也从侧面证实了二硅化钼/硼化钼复合涂层比二硅化钼单一涂层具有更高的使用寿命。

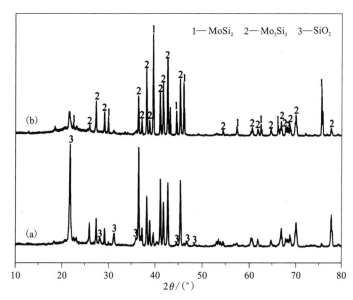

图 6-6　二硅化钼单一涂层和二硅化钼/硼化钼复合涂层

在 1300℃氧化 80 h 后涂层表面的 XRD 图谱

(a)二硅化钼单一涂层；(b)二硅化钼/硼化钼复合涂层

6.3.3　氧化后二硅化钼单层和二硅化钼/硼化钼复合涂层的截面形貌与组成

图 6-7 为二硅化钼单层和二硅化钼/硼化钼复合涂层在 1200℃下氧化 100 h 后涂层截面的 BSE 照片。从图中可以看到，与氧化前的涂层截面照片相比（图 5-3 和图 5-8），涂层结构发生了明显的变化。两种涂层在 1200℃下氧化 100 h

后在它们的表面都形成了氧化物薄膜(SiO_2)，氧化物薄膜在涂层表面的连续的完全覆盖，将空气中的氧阻挡在它的外面，使涂层的快速氧化增重变成了抛物线型氧化增重，降低了氧化速率，从而有效保障了涂层的正常使用，给基体钼提供持续的抗氧化保护。对于单层二硅化钼涂层而言，单一的涂层结构演变成了多层结构[图6 - 7(a)]。基体钼上的涂层结构大致可以分为4层，通过 EDS 能谱分析和 EPMA 电子探针能谱定量分析得知，涂层结构从外到内分别是 SiO_2、$MoSi_2$、Mo_5Si_3 和薄的 Mo_3Si 内层。在表面 SiO_2 层与二硅化钼层之间有一层由亮灰色的相组成的中间层，经 EPMA 电子探针能谱分析，该中间层为 Mo_5Si_3。二硅化钼涂层中存在着随机分布的亮灰色相，同样经 EPMA 分析得知，随机分布的亮色同样为 Mo_5Si_3，它的形成主要是由于硅的快速扩散导致二硅化钼涂层中相应位置硅的流失而使钼富集，从而形成了富钼低硅相——Mo_5Si_3 相。而二硅化钼层底下的三硅化五钼层正是二硅化钼涂层中的硅扩散到二硅化钼/基体钼的界面并与基体钼发生反应，形成了这层三硅化五钼层。形成于三硅化五钼层与基体钼间的硅化三钼层也是硅扩散的结果，但是在有 Mo_5Si_3 层成长的条件下，Mo_3Si 的成长速度远低于 Mo_5Si_3 层，大量的研究也证实了这一点[78, 80, 126, 127, 129]。

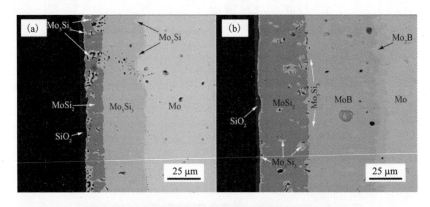

图6 - 7　1200℃氧化100 h 后涂层截面的 BSE 照片

(a)二硅化钼单一涂层；(b)二硅化钼/硼化钼复合涂层

图6 - 7(b)则是二硅化钼/硼化钼复合涂层氧化后截面的结构。单从 BSE 照片上反映的衬度上看，双层结构的复合涂层演变成了5层结构，结合 EDS 能谱分析和 EPMA 电子探针分析，涂层的最外层为氧化物薄膜——SiO_2 层，次外层为 $MoSi_2$ 层，在 SiO_2 层与 $MoSi_2$ 层之间同样形成了一层薄的 Mo_5Si_3 层，一些 Mo_5Si_3 相任意分布在二硅化钼涂层中，与 $MoSi_2$ 层邻近的是 MoB 层，而与基体邻近的是 Mo_2B 层。结合 Mo - Si - B 三元相图分析，在 $MoSi_2$ 层和 MoB 层之间应该会形成中间相，因此，在 $MoSi_2$ 层与 MoB 层界面靠近 MoB 的一侧对其进行 EPMA 电子探

针分析，分析的结果也证实了之前的判断，在 MoSi$_2$ 涂层下方形成了 Mo$_5$Si$_3$，这也就说明了复合涂层在经历了 1200℃下氧化时，硅同样发生了一定程度的扩散。另外，在靠近基体钼附近 Mo$_2$B 的形成，说明了硼也发生了扩散，此时的 MoB 层与基体钼就像一个二元扩散偶。根据 Mo – B 二元相图，在 MoB 与 Mo 之间只存在 Mo$_2$B 一种相，因此，硼向基体扩散形成了 Mo$_2$B 层。

图 6 – 8 为二硅化钼/硼化钼复合涂层在 1200℃氧化 100 h 后涂层截面中元素浓度分布的 EPMA 图谱。从图中各个元素（Mo、Si、B 和 O）在涂层截面的浓度分布趋势可以看到涂层结构主要由 5 个部分组成（图中的 1、2、3、4 和 5），它们分别对应着 SiO$_2$、MoSi$_2$、Mo$_5$Si$_3$、MoB 和 Mo$_2$B。通过对硅元素浓度分布曲线的观察，可以看到在开始的位置，硅元素有一个下降后又上升的趋势，在浓度分布曲线上出现了一个拐点。结合图 6 – 7(b)，可以判断出产生拐点的位置处于涂层最外层氧化物薄膜 SiO$_2$ 层与复合涂层外层二硅化钼层的界面处，这是由氧与二硅化钼反应形成的。

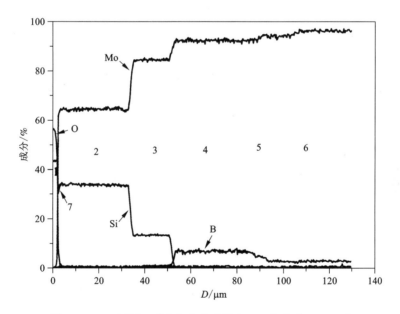

图 6 – 8　二硅化钼/硼化钼复合涂层在 1200℃氧化 100 h 后涂层截面中元素浓度分布的 EPMA 图谱

1—SiO$_2$；2—MoSi$_2$；3—Mo$_5$Si$_3$；4—MoB；5—Mo$_2$B；6—Mo；7—Mo$_5$Si$_3$

图 6 – 9 为二硅化钼单层和二硅化钼/硼化钼复合涂层在 1300℃下氧化 80 h 后涂层截面的 BSE 照片。从图中可以看出，涂层在经历了 1300℃下氧化 80 h 后，在涂层的表面形成了一层较厚的氧化物层（SiO$_2$）。结合前面的 XRD 分析结果，

这层氧化物薄膜主要为四方晶体结构的方石英[图6-9(a)和图6-9(b)]。单层的二硅化钼涂层在1300℃下氧化80 h，其涂层主要组成相 $MoSi_2$ 已经全部转化为了硅含量低的中间相，结合 EDS 能谱分析，这些中间相为 Mo_5Si_3 和 Mo_3Si 相[图6-9(a)]。高温下硅向基体的扩散导致了中间相——Mo_5Si_3 和 Mo_3Si 相在厚度上的成长，这种成长在其他地方也报道过[80, 126]。而复合涂层在氧化后，在涂层的截面结构中仍然能观察到一层连续的 $MoSi_2$ 层。与单层结构的二硅化钼涂层相比，复合涂层中 $MoSi_2$ 的存在，说明硅在高温下的扩散受到了阻挡，延缓了硅的扩散速率。在 SiO_2 氧化物薄膜和 $MoSi_2$ 层间观察到一层很薄的 Mo_5Si_3。高温下硼元素向基体发生了扩散，在邻近基体钼的位置形成了一层中间相，通过 EPMA 电子探针定量分析并结合 Mo-B 二元相图，判断出这层中间相为 Mo_2B。

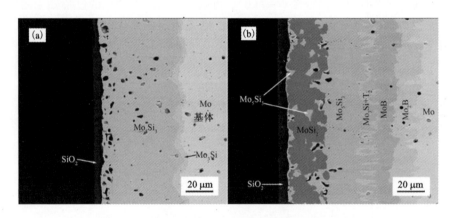

图6-9 1300℃氧化80 h后涂层截面的 BSE 照片

(a)二硅化钼单一涂层；(b)二硅化钼/硼化钼复合涂层

高温下，涂层中硅元素的损失主要来自两个方面，一是与氧反应形成保护性氧化物薄膜；二是硅向基体的扩散，并与基体发生反应形成中间相(Mo_5Si_3 和 Mo_3Si)，这也是硅损失的最主要的原因。由扩散导致的中间相层厚度增加的同时，也导致了涂层中"Kirkendall"孔洞的大量形成。而基于二硅化钼基复合材料扩散偶的研究阐述了"Kirkendall"孔洞的形成原因[80, 126, 129]。二硅化钼向低硅化物转化的次序为 $MoSi_2 \rightarrow Mo_5Si_3 \rightarrow Mo_3Si$。由于钼和硅之间存在着很大差距的扩散率，随后引起涂层与基体之间不平等的物质流动，从而引发二硅化钼的这种转变，最终将导致"Kirkendall"孔洞的形成[129]。

图6-10为单层二硅化钼涂层在1300℃氧化80 h后涂层截面中元素浓度分布的 EPMA 图谱。从元素浓度分布的曲线可以看出，单层二硅化钼涂层氧化后截面结构从外到内依次为 SiO_2、Mo_5Si_3 和 Mo_3Si。而复合涂层氧化后截面结构基体

上分为 7 个组成部分，分别为 SiO_2、Mo_5Si_3、$MoSi_2$、Mo_5Si_3、$T_2 + Mo_3Si$、MoB 和 Mo_2B（图 6 – 11）。图中硅元素的浓度分布曲线在开始的位置也出现了一个波动，结合 EPMA 定量分析，它对应着 1 和 2 层之间的 Mo_5Si_3（图 6 – 11 中 8）。从单层二硅化钼涂层和复合涂层截面中元素浓度分布的 EPMA 图谱中可以看出，经历 1300℃ 氧化 80 h 后，涂层中的硅元素发生了不同程度的扩散。单层中硅的扩散速率要高于复合涂层中硅元素的扩散速率。结合 Mo – Si – B 三元相图可知，在二硅化钼涂层和钼基体间引入一个中间层——MoB 层，由于动力学偏差而导致了硅的扩散路径的改变[19, 196]。因此，在 Mo_5Si_3 与 MoB 层之间形成了一层由 $T_2 + Mo_3Si$ 相的混合相组成的中间层。

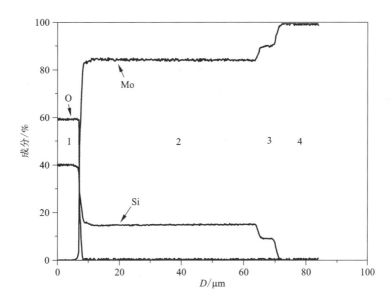

图 6 – 10　二硅化钼单一涂层在 1300℃ 氧化 80 h 后
涂层截面中元素浓度分布的 EPMA 图谱
1—SiO_2；2—Mo_5Si_3；3—Mo_5Si_3；4—Mo

图 6 – 12 为二硅化钼/硼化钼复合涂层在 1300℃ 氧化 80 h 后涂层过渡层区的 XRD 图谱。从分析结果可以看到，高温下通过元素的扩散作用在涂层中形成了 T_2 相（Mo_5SiB_2）。

值得注意的是 T_2 的相对原子堆垛密度要高于 Mo_5Si_3（T_1）[130 – 132]，而这个差别将导致硅在 T_2 中具有较高的扩散激活能，从而使得硅在 T_2 中扩散的速率要远低于硅在 Mo_5Si_3 中扩散速率[132, 196]。

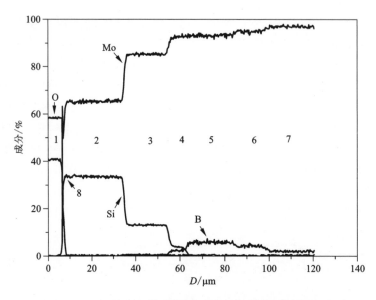

图 6 – 11   二硅化钼/硼化钼复合涂层在 1300℃氧化 80 h 后
涂层截面中元素浓度分布的 EPMA 图谱

$1—SiO_2$；$2—MoSi_2$；$3—Mo_5Si_3$；$4—T_2+Mo_3Si$；$5—MoB$；$6—Mo_2B$；$7—Mo$；$8—Mo_5Si_3$

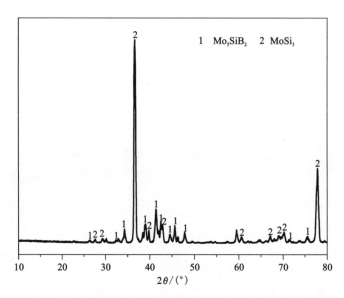

图 6 – 12   二硅化钼/硼化钼复合涂层在 1300℃氧化 80 h 后涂层过渡层区的 XRD 图谱

通过扩散阻挡层(如 T_2 或 MoB) 延缓硅的扩散，从而抑制了 Mo_5Si_3 层的成长。基于 $MoSi_2/Mo$ 扩散偶的研究，Mo_5Si_3 层的成长动力学根据方程 6 – 2 服从抛物线规律，这也就说明 Mo_5Si_3 的成长是受扩散控制的。

$$x^2 = 2k_p t \tag{6 – 2}$$

式中：x 和 k_p 分别代表 Mo_5Si_3 的厚度和抛物线成长速率常数；t 是指处理时间。

根据方程(6 – 2)且结合图 6 – 9 ~ 图 6 – 11，能判断出 Mo_5Si_3 层的抛物线成长速率常数在单层二硅化钼涂层中要比在二硅化钼/硼化钼复合涂层中快很多。换句话说，这也就意味着单层二硅化钼中硅元素的扩散率要高于二硅化钼/硼化钼复合涂层中硅元素的扩散率。涂层与基体间硅元素的快速扩散导致了低硅化物(Mo_5Si_3 和/或 Mo_3Si)在厚度上的快速增加。值得注意的一点是，钼的低硅化物的形成将导致涂层的抗氧化能力的整体降低[61, 148]。经过 1300℃、80 h 的氧化，在单层二硅化钼涂层中通过硅的扩散导致低氧化抵抗能力的钼低硅化物的成长而造成涂层中硅元素的大量损失和涂层在厚度上的减少，这也必将影响到涂层在高温氧化环境下的使用寿命。

6.4　涂层中硅元素的扩散

6.4.1　中间硅化物的成长机制

中间硅化物(Mo_5Si_3 和 Mo_3Si)在涂有二硅化钼涂层的钼基体中的成长机制与在 $MoSi_2/Mo$ 扩散偶中的成长机制是相同的，Mo_5Si_3 和 Mo_3Si 被认为是同时成长并形成于二硅化钼和基体钼之间，所不同的是 Mo_5Si_3 的成长速度要远高于 $Mo_3Si^{[80, 126, 127]}$。

图 6 – 13 为中间硅化物 Mo_5Si_3 和 Mo_3Si 在单层二硅化钼涂层的钼基体中同时成长机制示意图。不同界面处发生的反应为：

$MoSi_2/Mo_5Si_3$ 界面：

$$5MoSi_2 \longrightarrow Mo_5Si_3 + 7Si_{I} \tag{6 – 3}$$

Mo_5Si_3/Mo_3Si 界面：

$$\frac{35}{4}Mo_3Si + 7Si_{II} \longrightarrow \frac{21}{4}Mo_5Si_3 \tag{6 – 4}$$

$$3Mo_5Si_3 \longrightarrow 5Mo_3Si + 4Si_{II} \tag{6 – 5}$$

Mo_3Si/Mo 界面：

$$12Mo + 4Si_{III} \longrightarrow 4Mo_3Si \tag{6 – 6}$$

假设 $MoSi_2/Mo_5Si_3/Mo_3Si/Mo$ 各界面处已经达到局部平衡，并且通过硅的固态扩散控制着中间硅化物的准稳态成长。Mo_5Si_3 和 Mo_3Si 在二硅化钼涂层与基体钼间的同时成长可分为5个步骤，具体如下：

（1）根据方程（6-3）$MoSi_2$ 相在 $MoSi_2/Mo_5Si_3$ 界面（图6-13中界面Ⅰ）处分解为 Mo_5Si_3 和 Si 相；

（2）由方程（6-3）释放出来的 Si 通过 Mo_5Si_3 层从 $MoSi_2/Mo_5Si_3$ 界面扩散到 $Mo_5Si_3/$ Mo_3Si 界面（图6-13中界面Ⅱ）处；

（3）根据方程（6-4）Mo_5Si_3 相在 Mo_5Si_3/Mo_3Si 界面处形成，根据方程6-5，Mo_5Si_3 相在 Mo_5Si_3/Mo_3Si 界面处分解为 Mo_3Si 和 Si 相；

（4）由方程（6-5）释放出来的 Si 通过 Mo_3Si 层从 Mo_5Si_3/Mo_3Si 界面扩散到 Mo_3Si/Mo 界面（图6-13中界面Ⅲ）处；

（5）根据方程（6-6）Mo_3Si 相在 Mo_3Si/Mo 界面处形成。

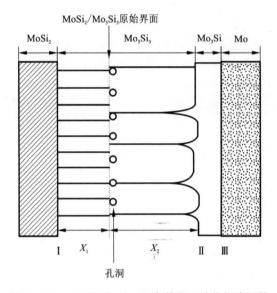

图6-13　Mo_5Si_3 和 Mo_3Si 在单层二硅化钼涂层的钼基体中同时成长机制示意图[126]

通过二硅化钼分解释放的硅的扩散形成了一层新的 Mo_5Si_3 和 Mo_3Si 层，这个过程可以按照以下方程进行：

$$12Mo + 7Si_I \longrightarrow \frac{9}{4}Mo_5Si_3 + \frac{1}{4}Mo_3Si \tag{6-7}$$

因此，在高温下二硅化钼涂层与基体钼间形成的 Mo_5Si_3 和 Mo_3Si 层可以用以下方程描述：

$$5MoSi_2 + 12Mo \longrightarrow \frac{13}{4}Mo_5Si_3 + \frac{1}{4}Mo_3Si \tag{6-8}$$

　　高温下步骤(2)和(4)决定着中间硅化物(Mo_5Si_3 和 Mo_3Si)在二硅化钼涂层和基体钼间成长的动力学。Mo_5Si_3 层的成长根据方程(6-3)和(6-7)形成了图 6-13 中的 X_1 和 X_2 层。根据这个模型，由于二硅化钼相分解的硅的快速扩散，从而导致在 $MoSi_2/Mo_5Si_3$ 原始界面处形成"Kirkendall"孔洞。

6.4.2　中间硅化物的成长速率

　　图 6-14 为 1300℃时 $MoSi_2$ 涂层和 $MoSi_2/MoB$ 复合涂层中 Mo_5Si_3 层的厚度与时间的平方根的线性回归拟合曲线。Mo_5Si_3 层的成长动力学服从抛物线规律，如方程(6-2)所示，这说明固态扩散控制着 Mo_5Si_3 层的成长。而且在 20 h 之后 $MoSi_2$ 涂层中的 Mo_5Si_3 层成长速率要快于其在 $MoSi_2/MoB$ 复合涂层中的速度。从图中可以发现，在 $MoSi_2/MoB$ 复合涂层中 Mo_5Si_3 层成长似乎按两个过程进行(图 6-14 中的线段 1 和 2)，而且 Mo_5Si_3 层按线段 2 时成长速率小于按线段 1 时的成长速率。$MoSi_2$ 涂层和 $MoSi_2/MoB$ 复合涂层(线段 1)中 Mo_5Si_3 层的厚度的外推曲线没有通过原点。热处理时间为 0 h 时(未进行热处理时)在 $MoSi_2$ 涂层和 $MoSi_2/MoB$ 复合涂层中 Mo_5Si_3 层的厚度(x_0)大于 0，说明 Mo_5Si_3 层在升温和降温的时候发生了成长。为了准确评估从曲线斜率得到的抛物线成长速率常数，将方程(6-2)修改为：

$$(x - x_0)^2 = k_p t \tag{6-9}$$

　　在 $MoSi_2$ 涂层和 $MoSi_2/MoB$ 复合涂层中 Mo_5Si_3 层的 x_0 值分别为 2.61 μm、0.17 μm(图 6-14 中线段 1)和 14.88 μm(图 6-14 中线段 2)。将图 6-14 中的数据根据方程(6-9)重新拟合，得到在 $MoSi_2$ 涂层和 $MoSi_2/MoB$ 复合涂层中 Mo_5Si_3 层的抛物线成长速率常数为 9.57×10^{-11} cm²/s、3.78×10^{-11} cm²/s(线段 1)和 5.15×10^{-13} cm²/s(线段 2)。从 Mo_5Si_3 层的抛物线成长速率常数的数值可以看出，Mo_5Si_3 层在 $MoSi_2$ 涂层和 $MoSi_2/MoB$ 复合涂层(图 6-14 中线段 1)中的抛物线成长速率常数处于同一数量级上，存在着较小的差别，这说明在热处理的开始阶段(0~20 h)Mo_5Si_3 层在两种涂层中的成长速度相近；而在后期的热处理过程中(大于 20 h)，Mo_5Si_3 层在 $MoSi_2/MoB$ 复合涂层(图 6-14 中线段 2)中的抛物线成长速率常数要比在 $MoSi_2$ 单层中低 2 个数量级，说明此时 Mo_5Si_3 层在 $MoSi_2/MoB$ 复合涂层(图 6-14 中线段 2)中的成长速度要远慢于在 $MoSi_2$ 单层中的速度，其在厚度上的成长受到阻碍，硅在其中的扩散得到了有效的延缓。

　　图 6-15 为热处理 10 h 时 $MoSi_2$ 涂层和 $MoSi_2/MoB$ 复合涂层中 Mo_5Si_3 层的厚度随热处理温度的变化关系曲线。从图中可以看出，随着温度的上升，$MoSi_2$ 涂层和 $MoSi_2/MoB$ 复合涂层中 Mo_5Si_3 层的厚度都是逐渐在增加。温度的提高相当于给硅的扩散提供了更多的能量，也就使得在高温下硅的扩散变得更加容易，而直接表现就是中间硅化物(Mo_5Si_3)在厚度上的增加。同时还可以发现，在同等

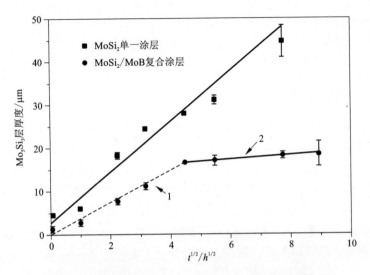

图 6-14　1300℃时在 MoSi₂ 涂层和 MoSi₂/MoB 复合涂层中
Mo₅Si₃ 层的厚度与时间的平方根的线性回归拟合曲线

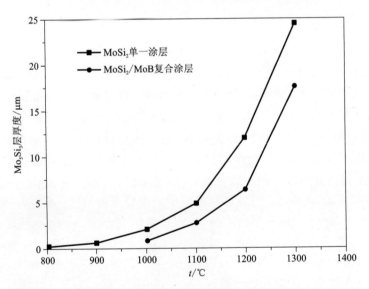

图 6-15　热处理 10 h 时 MoSi₂ 涂层和 MoSi₂/MoB 复合涂层中
Mo₅Si₃ 层厚度随热处理温度的变化关系曲线

条件下（温度和时间）进行热处理，MoSi₂ 涂层中 Mo₅Si₃ 层的厚度都是要高于 MoSi₂/MoB 复合涂层中 Mo₅Si₃ 层的厚度，而且随着温度的提高，这种差距变的也越来越大。

6.5　本章小结

（1）复合涂层分别在 1200℃ 氧化 100 h 和 1300℃ 氧化 80 h 后，涂层试样的增重分别为 0.270 mg/cm^2 和 0.499 mg/cm^2，氧化速率分别为 7.487×10^{-7} mg/（cm^2·s）和 1.733×10^{-6} mg/（cm^2·s）。随着氧化时间的增加，涂层试样的增重成抛物线型增长，其在 1200℃ 和 1300℃ 的抛物线氧化速率常数分别为 7.80×10^{-4} mg^2/（cm^4·h）和 3.14×10^{-3} mg^2/（cm^4·h）。

（2）经历了 1200℃ 氧化 100 h 和 1300℃ 氧化 80 h 后，复合涂层的截面上的结构发生了显著的变化。在 1200℃ 下涂层的结构从外层到基体层依次为 SiO$_2$、Mo$_5$Si$_3$、MoSi$_2$、Mo$_5$Si$_3$、MoB、Mo$_2$B；而在 1300℃ 时涂层的结构基体与 1200℃ 下相同，只是在 Mo$_5$Si$_3$ 与 MoB 之间形成了一层 T$_2$ + Mo$_3$Si 两相过渡层。高温下硅在涂层中发生了不同程度的扩散，单层中硅的扩散速率要高于复合涂层中硅元素的扩散速率。

（3）高温下在复合涂层中 Mo$_5$Si$_3$ 层的成长动力学服从抛物线规律，并出现明显的两个阶段。在第一阶段（0 ~ 20 h）时复合涂层中 Mo$_5$Si$_3$ 层的抛物线成长速率常数略低于单层二硅化钼涂层中 Mo$_5$Si$_3$ 层的抛物线成长速率常数；而在第二个阶段（20 ~ 80 h）前者的抛物线成长速率常数比后者的抛物线成长速率常数低 2 个数量级。随着温度的升高，复合涂层中 Mo$_5$Si$_3$ 层的厚度也在不断增加，但是要低于在单层二硅化钼中 Mo$_5$Si$_3$ 层的厚度的增长。复合涂层中的 MoB 中间层的存在阻挡并延缓了硅元素的扩散，提高了涂层在高温下的使用寿命。

参考文献

[1] Sharma I G, Chakraborty S P, Suri A K. Preparation of TZM alloy by aluminothermic smelting and its characterization[J]. Journal of Alloys and Compounds, 2005, 393(1–2): 122–128.

[2] Majumdar S, Kale G B, Sharma I G. A study on preparation of Mo–30W alloy by aluminothermic co-reduction of mixed oxides[J]. Journal of Alloys and Compounds, 2005, 394(1–2): 168–175.

[3] 贾中华. 料浆法制备铌合金和钼合金高温抗氧化涂层[J]. 粉末冶金技术, 2001, 19(2): 74–76.

[4] Kolobo Y R, Kieback B, Ivanov K V, et al. The structure and microhardness evolution in submicrocrystalline molybdenum processed by severe plastic deformation followed by annealing[J]. International Journal of Refractory Metals and Hard Materials, 2003, 21(1–2): 69–73.

[5] Mrotzek T, Hoffmann A, Martin U. Hardening mechanisms and recrystallization behaviour of several molybdenum alloys[J]. International Journal of Refractory Metals and Hard Materials, 2006, 24(4): 298–305.

[6] Vasudévan A K, Petrovic J J. A comparative overview of molybdenum disilicide composites[J]. Materials Science and Engineering A, 1992, 155(1–2): 1–17.

[7] Kircher T A, Courtright E L. Engineering limitations of $MoSi_2$ coatings[J]. Materials Science and Engineering A, 1992, 155(1–2): 67–74.

[8] 向铁根. 钼冶金[M]. 长沙: 中南大学出版社, 2002.

[9] Smolik G R, Petti D A, Schuetz S T. Oxidation and volatilization of TZM alloy in air[J]. Journal of Nuclear Materials, 2000, 283–287: 1458–1462.

[10] Chakraborty S P, Banerjee S, Singh K, et al. Studies on the development of protective coating on TZM alloy and its subsequent characterization [J]. Journal of Materials Processing Technology, 2008, 207(1–3): 240–247.

[11] Chakraborty S P, Banerjee S, Sharma I G, et al. Development of silicide coating over molybdenum based refractory alloy and its characterization[J]. Journal of Nuclear Materials, 2010, 403(1–3): 152–159.

[12] 难熔金属文集编辑组. 难熔金属文集(第三分册)[R]. 上海: 上海科学技术情报研究所, 1976.

[13] 李美栓. 金属的高温腐蚀[M]. 北京: 冶金工业出版社, 2001.

[14] Eskner M, Sandström R. Measurement of the ductile-to-brittle transition temperature in a nickel aluminide coating by a miniaturised disc bending test technique [J]. Surface and Coatings Technology, 2003, 165(1): 71–80.

[15] 美国国家材料咨询委员会所属涂层委员会. 金石译. 高温抗氧化涂层：防止超级合金难熔金属和石墨氧化的涂层[M]. 北京：科学出版社，1980.

[16] 汪昇，王德志，孙翱魁，等. 钼及其合金氧化防护涂层的研究进展[J]. 材料导报，2012，26(1)：137 – 141.

[17] Huang C, Zhang Y, Vilar R. Microstructure and anti-oxidation behavior of laser clad Ni – 20Cr coating on molybdenum surface[J]. Surface and Coatings Technology, 2010, 205(3)：835 – 840.

[18] Huang C, Zhang Y, Jin J, et al. Isothermal oxidation behavior of laser clad Ni – 20Cr coating on molybdehum substrates at 600℃[J]. Rare Metals, 2009, 28(Spec.)：761 – 763.

[19] 关志峰，宁伟，汪庆卫，等. 钼电极表面玻璃基防氧化涂层的研究[J]. 玻璃与搪瓷，2008，36(5)：6 – 10.

[20] Grabke H J, Meier G H. Accelerated oxidation, internal oxidation, intergranular oxidation, and pesting of intermetallic compounds[J]. Oxidationof Metals, 1995, 44(1 – 2)：147 – 176.

[21] Liu Y Q, Shao G, Tsakiropoulos P. On the oxidation behaviour of $MoSi_2$[J]. Intermetallics, 2001, 9(2)：125 – 136.

[22] Ramasesha S K, Shobu. K. Oxidation of $MoSi_2$ and $MoSi_2$ – based materials[J]. Bulletin of Materials Science, 1999, 22(4)：769 – 773.

[23] Opeka M M, Talmy I G, Zaykoski J A. Oxidation-based materials selection for 2000℃ + hypersonic aerosurfaces：Theoretical considerations and historical experience[J]. Journal of Materials Science, 2004, 39(19)：5887 – 5904.

[24] Suzuki R O, Ishikawa M, Ono K. $NbSi_2$ coating on niobium using molten salt[J]. Journal of Alloys and Compounds, 2002, 336(1 – 2)：280 – 285.

[25] Mueller A, Wang G, Rapp R A, et al. Deposition and cyclic oxidation behavior of a protective molybdenum tungsten silicide germanide [(Mo, W)(Si, Ge)$_2$] coating on niobium-based alloys[J]. Journal of the Electrochemical Society, 1992, 139(5)：1266 – 1275.

[26] Mueller A, Wang G, Rapp R A, et al. Oxidation behavior of tungsten and germanium-alloyed molybdenum disilicide coatings[J]. Materials Science and Engineering A, 1992, 155(1 – 2)：199 – 207.

[27] Brian V C. Growth and oxidation resistance of boron-modified and germanium-doped silicide diffusion coatings formed by the halide-activated pack cementation method[J]. Surface and Coatings Technology, 1995, 76 – 77, Part 1：20 – 27.

[28] Vilasi M, Francois M, Podor R, et al. New silicides for new niobium protective coatings[J]. Journal of Alloys and Compounds, 1998, 264(1 – 2)：244 – 251.

[29] Li Y, Soboyejo W, Rapp R. Oxidation behavior of niobium aluminide intermetallics protected by aluminide and silicide diffusion coatings[J]. Metallurgical and Materials Transactions B, 1999, 30(3)：495 – 504.

[30] Son K H, Yoon J K, Han J H, et al. Microstructure of $NbSi_2$/SiC nanocomposite coating formed on Nb substrate[J]. Journal of Alloys and Compounds, 2005, 395(1 – 2)：185 – 191.

[31] Yoon J K, Kim G H, Han J H, et al. Microstructure and oxidation property of NbSi$_2$/Si$_3$N$_4$ nanocomposite coating formed on Nb substrate by nitridation process followed by pack siliconizing process[J]. Intermetallics, 2005, 13(11): 1146 –1156.

[32] Xiao L, Cai Z, Yi D, et al. Morphology, structure and formation mechanism of silicide coating by pack cementation process[J]. Transactions of Nonferrous Metals Society of China, 2006, 16 (Supplement 1): s239 – s244.

[33] Xiao L R, Xu L L, Yi D Q, et al. Static oxidation behaviour of silicide coating on niobium alloy at high temperature[J]. Transactions of Nonferrous Metals Society of China, 2007, 17: S760 – S765.

[34] Tian X, Guo X. Structure of Al-modified silicide coatings on an Nb-based ultrahigh temperature alloy prepared by pack cementation techniques[J]. Surface and Coatings Technology, 2009, 203(9): 1161 –1166.

[35] Tian X, Guo X. Structure and oxidation behavior of Si – Y co-deposition coatings on an Nb silicide based ultrahigh temperature alloy prepared by pack cementation technique[J]. Surface and Coatings Technology, 2009, 204(3): 313 –318.

[36] Alam M Z, Rao A S, Das D K. Microstructure and High Temperature Oxidation Performance of Silicide Coating on Nb-Based Alloy C – 103 [J]. Oxidation of Metals, 2010, 73(5): 513 –530.

[37] Majumdar S, Arya A, Sharma I G, et al. Deposition of aluminide and silicide based protective coatings on niobium[J]. Applied Surface Science, 2010, 257(2): 635 –640.

[38] Qiao Y, Guo X. Formation of Cr-modified silicide coatings on a Ti – Nb – Si based ultrahigh-temperature alloy by pack cementation process[J]. Applied Surface Science, 2010, 256(24): 7462 –7471.

[39] Zhang P, Guo X. Y and Al modified silicide coatings on an Nb – Ti – Si based ultrahigh temperature alloy prepared by pack cementation process[J]. Surface and Coatings Technology, 2011, 206(2 –3): 446 –454.

[40] Hou S, Liu Z, Liu D, et al. Microstructure and oxidation resistance of Mo – Si and Mo – Si – Al alloy coatings prepared by electro-thermal explosion ultrahigh speed spraying[J]. Materials Science and Engineering A, 2009, 518(1 –2): 108 –117.

[41] 吕旭东, 王华明. 激光熔覆 MoSi$_2$ 金属硅化物复合材料涂层显微组织[J]. 应用激光, 2002, 22(3): 272 –274.

[42] Zhang P, Guo X. A comparative study of two kinds of Y and Al modified silicide coatings on an Nb – Ti – Si based alloy prepared by pack cementation technique[J]. Corrosion Science, 2011, 53(12): 4291 –4299.

[43] Zhao J, Guo Q, Shi J, et al. SiC/Si – MoSi$_2$ oxidation protective coatings for carbon materials [J]. Surface and Coatings Technology, 2006, 201(3 –4): 1861 –1865.

[44] Qian Gang F, He Jun L, Xiao Hong S, et al. Silicide coating for protection of C/C composites at 1873 K[J]. Surface and Coatings Technology, 2006, 201(6): 3082 –3086.

［45］ Li K Z, Hou D S, Li H J, et al. Si – W – Mo coating for SiC coated carbon/carbon composites against oxidation［J］. Surface and Coatings Technology, 2007, 201(24): 9598 – 9602.

［46］ Li H J, Xue H, Wang Y J, et al. A MoSi$_2$ – SiC – Si oxidation protective coating for carbon/carbon composites［J］. Surface and Coatings Technology, 2007, 201(24): 9444 – 9447.

［47］ Yan Z Q, Xiong X, Xiao P, et al. A multilayer coating of dense SiC alternated with porous Si – Mo for the oxidation protection of carbon/carbon silicon carbide composites［J］. Carbon, 2008, 46(1): 149 – 153.

［48］ Zhang Y L, Li H J, Fu Q G, et al. An oxidation protective Si – Mo – Cr coating for C/SiC coated carbon/carbon composites［J］. Carbon, 2008, 46(1): 179 – 182.

［49］ Yan Z Q, Xiong X, Xiao P, et al. Si – Mo – SiO$_2$ oxidation protective coatings prepared by slurry painting for C/C – SiC composites［J］. Surface and Coatings Technology, 2008, 202 (19): 4734 – 4740.

［50］ Li H J, Feng T, Fu Q G, et al. Oxidation and erosion resistance of MoSi$_2$ – CrSi$_2$ – Si/SiC coated C/C composites in static and aerodynamic oxidation environment［J］. Carbon, 2010, 48(5): 1636 – 1642.

［51］ Feng T, Li H, Fu Q, et al. Influence of Cr content on the microstructure and anti-oxidation property of MoSi$_2$ – CrSi$_2$ – Si multi-composition coating for SiC coated carbon/carbon composites ［J］. Journal of Alloys and Compounds, 2010, 501(1): L20 – L24.

［52］ Fu Q G, Li H J, Wang Y J, et al. B$_2$O$_3$ modified SiC – MoSi$_2$ oxidation resistant coating for carbon/carbon composites by a two-step pack cementation［J］. Corrosion Science, 2009, 51(10): 2450 – 2454.

［53］ Wu H, Li H J, Ma C, et al. MoSi$_2$ – based oxidation protective coatings for SiC – coated carbon/carbon composites prepared by supersonic plasma spraying［J］. Journal of the European Ceramic Society, 2010, 30(15): 3267 – 3270.

［54］ Zhang Y L, Li H J, Qiang X F, et al. C/SiC/MoSi$_2$ – Si multilayer coatings for carbon/carbon composites for protection against oxidation［J］. Corrosion Science, 2011, 53(11): 3840 – 3844.

［55］ Feng T, Li H J, Shi X H, et al. Sealing role of B$_2$O$_3$ in MoSi$_2$ – CrSi$_2$ – Si/B – modified SiC coating for C/C composites［J］. Corrosion Science, 2012, 60: 4 – 9.

［56］ Feng T, Li H J, Fu Q G, et al. MoSi$_2$ – Si – B/SiC double-layer oxidation protective coating for carbon/carbon composites［J］. Surface Engineering, 2011, 27(5): 345 – 349.

［57］ Feng T, Li H, Shi X, et al. Multi-layer CVD – SiC/MoSi$_2$ – CrSi$_2$ – Si/B – modified SiC oxidation protective coating for carbon/carbon composites［J］. Vacuum, 2013, 96: 52 – 58.

［58］ Tului M, Lionetti S, Pulci G, et al. Zirconium diboride based coatings for thermal protection of reentry vehicles: Effect of MoSi$_2$ addition［J］. Surface and Coatings Technology, 2010, 205 (4): 1065 – 1069.

［59］ 吴恒, 李贺军, 王永杰, 等. 低压化学气相沉积 MoSi$_2$ 涂层微观结构及氧化性能［J］. 材料科学与工艺, 2012, 20(1): 26 – 30.

[60] 吴恒，李贺军，王永杰，等. 低压沉积温度对 $MoSi_2$ 涂层微观结构与性能影响[J]. 无机材料学报，2009，24(2)：392 - 396.

[61] Alam M Z, Venkataraman B, Sarma B, et al. $MoSi_2$ coating on Mo substrate for short-term oxidation protection in air[J]. Journal of Alloys and Compounds, 2009, 487(1 - 2)：335 - 340.

[62] Cockeram B V, Rapp R A. The formation and oxidation resistance of boron-modified and germanium-doped silicide diffusion coatings for titanium and molybdenum[J]. Materials Science Forum, 1997, 251 - 254(2)：723 - 735.

[63] Sakidja R, Park J S, Hamann J, et al. Synthesis of oxidation resistant silicide coatings on Mo – Si – B alloys[J]. Scripta Materialia, 2005, 53(6)：723 - 728.

[64] Liu Y, Shao G, Tsakiropoulos P. Thermodynamic reassessment of the Mo – Si and Al – Mo – Si systems[J]. Intermetallics, 2000, 8(8)：953 - 962.

[65] 夏斌，张虹，白书欣，等. Mo 合金高温抗氧化涂层的研究[J]. 金属热处理，2007，32(4)：54 - 57.

[66] Kuznetsov S A, Rebrov E V, Mies M J M, et al. Synthesis of protective Mo – Si – B coatings in molten salts and their oxidation behavior in an air-water mixture[J]. Surface and Coatings Technology, 2006, 201(3 - 4)：971 - 978.

[67] Kuznetsov S A, Kuznetsova S V, Rebrov E V, et al. Synthesis of molybdenum borides and molybdenum silicides in molten salts and their oxidation behavior in an air-water mixture[J]. Surface and Coatings Technology, 2005, 195(2 - 3)：182 - 188.

[68] Majumdar S, Sharma I G, Raveendra S, et al. In situ chemical vapour co-deposition of Al and Si to form diffusion coatings on TZM[J]. Materials Science and Engineering A, 2008, 492(1 - 2)：211 - 217.

[69] Majumdar S, Sharma I, Samajdar I, et al. Relationship Between Pack Chemistry and Growth of Silicide Coatings on Mo – TZM Alloy[J]. Journal of the Electrochemical Society, 2008, 155(12)：D734 - D741.

[70] Xu J L, Liu F S, Zhou C G, et al. Codeposition of aluminum and silicon on pure molybdenum substrate using halide activated pack cementation treatments[J]. Acta Metallurgica Sinica (English Edition), 2002, 15(2)：167 - 171.

[71] Yoon J K, Lee J K, Byun J Y, et al. Effect of ammonia nitridation on the microstructure of $MoSi_2$ coatings formed by chemical vapor deposition of Si on Mo substrates[J]. Surface and Coatings Technology, 2002, 160(1)：29 - 37.

[72] Yoon J K, Kim G H, Byun J Y, et al. Formation of $MoSi_2$ – Si_3N_4 composite coating by reactive diffusion of Si on Mo substrate pretreated by ammonia nitridation[J]. Scripta Materialia, 2002, 47(4)：249 - 253.

[73] Yoon J K, Kim G H, Byun J Y, et al. Formation of crack-free $MoSi_2/\alpha$ – Si_3N_4 composite coating on Mo substrate by ammonia nitridation of Mo_5Si_3 layer followed by chemical vapor deposition of Si[J]. Surface and Coatings Technology, 2003, 165(1)：81 - 89.

[74] Yoon J K, Doh J M, Byun J Y, et al. Formation of MoSi$_2$ – SiC composite coatings by chemical vapor deposition of Si on the surface of Mo$_2$C layer formed by carburizing of Mo substrate[J]. Surface and Coatings Technology, 2003, 173(1): 39 – 46.

[75] Yoon J K, Kim G H, Han J H, et al. Low-temperature cyclic oxidation behavior of MoSi$_2$/Si$_3$N$_4$ nanocomposite coating formed on Mo substrate at 773 K[J]. Surface and Coatings Technology, 2005, 200(7): 2537 – 2546.

[76] Nyutu E K, Kmetz M A, Suib S L. Formation of MoSi$_2$ – SiO$_2$ coatings on molybdenum substrates by CVD/MOCVD[J]. Surface and Coatings Technology, 2006, 200(12 – 13): 3980 – 3986.

[77] Yoon J K, Byun J Y, Kim G H, et al. Multilayer diffusional growth in silicon-molybdenum interactions[J]. Thin Solid Films, 2002, 405(1 – 2): 170 – 178.

[78] Yoon J K, Byun J Y, Kim G H, et al. Growth kinetics of three Mo – silicide layers formed by chemical vapor deposition of Si on Mo substrate[J]. Surface and Coatings Technology, 2002, 155(1): 85 – 95.

[79] Yoon J K, Kim G H, Byun J Y, et al. Effect of Cl/H input ratio on the growth rate of MoSi$_2$ coatings formed by chemical vapor deposition of Si on Mo substrates from SiCl$_4$ – H$_2$ precursor gases[J]. Surface and Coatings Technology, 2003, 172(2 – 3): 176 – 183.

[80] Yoon J K, Lee J K, Lee K H, et al. Microstructure and growth kinetics of the Mo$_5$Si$_3$ and Mo$_3$Si layers in MoSi$_2$/Mo diffusion couple[J]. Intermetallics, 2003, 11(7): 687 – 696.

[81] Lee K H, Yoon J K, Kim G H, et al. Growth behavior and microstructure of oxide scale formed on MoSi$_2$ coating at 773 K[J]. Journal of Materials Research, 2004, 19(10): 3009 – 3018.

[82] Yoon J K, Kim G H, Doh J M, et al. Microstructure of in situ MoSi$_2$/SiC nanocomposite coating formed on Mo substrate by displacement reaction [J]. Metals and Materials International, 2005, 11(6): 457 – 463.

[83] Yoon J K, Son K H, Han J H, et al. Microstructure of MoSi$_2$ – base nanocomposite coatings formed on Mo substrates by chemical vapor deposition[J]. Zeitschrift Fur Metallkunde, 2005, 96(3): 281 – 290.

[84] Cockeram B V, Wang G, Rapp R A. Growth kinetics and pesting resistance of MoSi$_2$ and germanium-doped MoSi$_2$ diffusion coatings grown by the pack cementation method[J]. Materials and Corrosion, 1995, 46(4): 207 – 217.

[85] Liu F S, Xu J L, Zhou C G, et al. Si – Al coating on pure molybdenum substrate and its cyclic oxidation behavior[J]. Acta Metallurgica Sinica(English Letters), 2004, 17(5): 672 – 676.

[86] Liu F S, Zhou C G, Gong S K, et al. A study on Al – modified molybdenum disilicide coatings on pure molybdenum substrate by pack cementation method [J]. Rare Metal Materials and Engineering, 2004, 33(6): 211 – 214.

[87] Yoon J K, Lee K H, Kim G H, et al. Growth kinetics of MoSi$_2$ coating formed by a pack siliconizing process[J]. Journal of the Electrochemical Society, 2004, 151(6): B309 – B318.

[88] Majumdar S, Sharma I G. Oxidation behavior of MoSi$_2$ and Mo(Si, Al)$_2$ coated Mo – 0.5Ti –

0. 1Zr – 0. 02C alloy[J]. Intermetallics, 2011, 19(4): 541 – 545.

[89] Majumdar S. Formation of MoSi$_2$ and Al doped MoSi$_2$ coatings on molybdenum base TZM(Mo – 0. 5Ti – 0. 1Zr – 0. 02C) alloy[J]. Surface and Coatings Technology, 2012, 206(15): 3393 – 3398.

[90] 周小军, 郑金凤, 赵刚. 钼及其合金高温抗氧化涂层的制备[J]. 金属材料与冶金工程, 2008, 36(2): 6 – 10.

[91] Suzuki R O, Ishikawa M, Ono K. MoSi$_2$ coating on molybdenum using molten salt[J]. Journal of Alloys and Compounds, 2000, 306(1 – 2): 285 – 291.

[92] Tatemoto K, Ono Y, Suzuki R O. Silicide coating on refractory metals in molten salt[J]. Journal of Physics and Chemistry of Solids, 2005, 66(2 – 4): 526 – 529.

[93] Martinz H P, Nigg B, Matej J, et al. Properties of the SIBOR² oxidation protective coating on refractory metal alloys[J]. International Journal of Refractory Metals and Hard Materials, 2006, 24(4): 283 – 291.

[94] Chakraborty S P. Studies on the development of TZM alloy by aluminothermic coreduction process and formation of protective coating over the alloy by plasma spray technique[J]. International Journal of Refractory Metals and Hard Materials, 2011, 29(5): 623 – 630.

[95] Massalski T B. Binary alloy phase diagrams [M]. ASM International, Materials Park (OH), 1990.

[96] Cook J, Khan A, Lee E, et al. Oxidation of MoSi$_2$ – based composites[J]. Materials Science and Engineering: A, 1992, 155(1 – 2): 183 – 198.

[97] Shaw L, Abbaschian R. Chemical states of the molybdenum disilicide (MoSi$_2$) surface[J]. Journal of Materials Science, 1995, 30(20): 5272 – 5280.

[98] Meschter P J. Low-temperature oxidation of molybdenum disilicide [J]. Metallurgical and Materials Transactions A, 1992, 23(6): 1763 – 1772.

[99] Chou T C, Nieh T G. Kinetics of MoSi$_2$ pest during low-temperature oxidation[J]. Journal of Materials Research, 1993, 8(7): 1605 – 1610.

[100] Yanagihara K, Przybylski K, Maruyama T. The role of microstructure on pesting during oxidation of MoSi$_2$ and Mo(Si, Al)$_2$ at 773 K[J]. Oxidation of Metals, 1997, 47(3 – 4): 277 – 293.

[101] Lohfeld S, Schütze M. Oxidation behaviour of particle reinforced MoSi$_2$ composites at temperatures up to 1700℃. Part I: Literature review[J]. Materials and Corrosion, 2005, 56(2): 93 – 97.

[102] Sharif A A. High-temperature oxidation of MoSi$_2$[J]. Journal of Materials Science, 2010, 45(4): 865 – 870.

[103] Wirkus C D, Wilder D R. High-Temperature Oxidation of Molybdenum Disilicide[J]. Journal of the American Ceramic Society, 1966, 49(4): 173 – 177.

[104] Li H J, Jiao G S, Li K Z, et al. Multilayer oxidation resistant coating for SiC coated carbon/ carbon composites at high temperature[J]. Materials Science and Engineering A, 2008, 475

(1 -2): 279 - 284.

[105] Yin L, Yi D Q, Xiao L R, et al. The morphology and the structure of MoSi$_2$ high temperature coating on niobium[J]. Rare Metal Materials and Engineering, 2005, 34(1): 91 - 94.

[106] Hidouci A, Pelletier J M. Microstructure and mechanical properties of MoSi$_2$ coatings produced by laser processing[J]. Materials Science and Engineering: A, 1998, 252(1): 17 - 26.

[107] Ghosh K, McCay M H, Dahotre N B. Formation of a wear resistant surface on Al by laser aided in-situ synthesis of MoSi$_2$[J]. Journal of Materials Processing Technology, 1999, 88 (1 - 3): 169 - 179.

[108] Liu Z, Hou S, Liu D, et al. An experimental study on synthesizing submicron MoSi$_2$ - based coatings using electrothermal explosion ultra-high speed spraying method[J]. Surface and Coatings Technology, 2008, 202(13): 2917 - 2921.

[109] Reisel G, Wielage B, Steinhäuser S, et al. High temperature oxidation behavior of HVOF-sprayed unreinforced and reinforced molybdenum disilicide powders[J]. Surface and Coatings Technology, 2001, 146 - 147: 19 - 26.

[110] Baik K, Grant P. Process study, microstructure, and matrix cracking of SiC fiber reinforced MoSi$_2$ based composites[J]. Journal of Thermal Spray Technology, 2001, 10(4): 584 - 591.

[111] Reisel G, Wielage B, Steinhauser S, et al. High temperature oxidation behavior of HVOF-sprayed unreinforced and reinforced molybdenum disilicide powders[J]. Surfaceand Coatings Technology, 2001, 146: 19 - 26.

[112] Fei X, Niu Y, Ji H, et al. A comparative study of MoSi$_2$ coatings manufactured by atmospheric and vacuum plasma spray processes[J]. Ceramics International, 2011, 37(3): 813 - 817.

[113] Wu H, Li H J, Lei Q, et al. Effect of spraying power on microstructure and bonding strength of MoSi$_2$ - based coatings prepared by supersonic plasma spraying[J]. Applied Surface Science, 2011, 257(13): 5566 - 5570.

[114] Yao D, Gong W, Zhou C. Development and oxidation resistance of air plasma sprayed Mo - Si - Al coating on an Nbss/Nb$_5$Si$_3$ in situ composite[J]. Corrosion Science, 2010, 52(8): 2603 - 2611.

[115] Maruyama T, Yanagihara K. High temperature oxidation and pesting of Mo(Si, Al)$_2$[J]. Materials Science and Engineering A, 1997, 239 - 240: 828 - 841.

[116] Chen J, Li C, Fu Z, et al. Low temperature oxidation behavior of a MoSi$_2$ - based material [J]. Materials Science and Engineering A, 1999, 261(1 - 2): 239 - 244.

[117] Kurokawa K, Houzumi H, Saeki I, et al. Low temperature oxidation of fully dense and porous MoSi$_2$[J]. Materials Science and Engineering A, 1999, 261(1 - 2): 292 - 299.

[118] Ramberg C E, Worrell W L. Oxidation Kinetics and Composite Scale Formation in the System Mo(Al, Si)$_2$[J]. Journal of the American Ceramic Society, 2002, 85(2): 444 - 452.

[119] Yokota H, Kudoh T, Suzuki T. Oxidation resistance of boronized MoSi$_2$[J]. Surface and Coatings Technology, 2003, 169 - 170: 171 - 173.

[120] Hansson K, Halvarsson M, Tang J E, et al. Oxidation behaviour of a MoSi$_2$ - based composite

in different atmospheres in the low temperature range (400 – 550℃) [J]. Journal of the European Ceramic Society, 2004, 24(13): 3559 – 3573.

[121] Ström E, Cao Y, Yao Y M. Low temperature oxidation of Cr – alloyed MoSi₂[J]. Transactions of Nonferrous Metals Society of China, 2007, 17(6): 1282 – 1286.

[122] Zhang F, Zhang L, Shan A, et al. Oxidation of stoichiometric poly- and single-crystalline MoSi₂ at 773 K[J]. Intermetallics, 2006, 14(4): 406 – 411.

[123] Maloney M J, Hecht R J. Development of continuous-fiber-reinforced MoSi₂ – base composites [J]. Materials Science and Engineering A, 1992, 155(1 – 2): 19 – 31.

[124] Hsieh T, Choe H, Lavernia E J, et al. The effect of Si₃N₄ on the thermal expansion behavior of MoSi₂[J]. Materials Letters, 1997, 30(5 – 6): 407 – 410.

[125] Choe H, Hsieh T, Wolfenstine J. The effect of powder processing on the coefficient of thermal expansion of MoSi₂ – Si₃N₄ composites[J]. Materials Science and Engineering A, 1997, 237 (2): 250 – 255.

[126] Yoon J K, Kim G H, Byun J Y, et al. Simultaneous growth mechanism of intermediate silicides in MoSi₂/Mo system[J]. Surface and Coatings Technology, 2001, 148 (2 – 3): 129 – 135.

[127] Chatilyan H A, Kharatyan S L, Harutyunyan A B. Diffusion annealing of Mo/MoSi₂ couple and silicon diffusivity in Mo₅Si₃ layer [J]. Materials Science and Engineering A, 2007, 459 (1 – 2): 227 – 232.

[128] Kharatyan S L, Chatilyan H A, Galstyan G S. Growth kinetics of Mo₃Si layer in the Mo₅Si₃/ Mo diffusion couple[J]. Thin Solid Films, 2008, 516(15): 4876 – 4881.

[129] Byun J Y, Yoon J K, Kim G H, et al. Study on reaction and diffusion in the Mo – Si system by ZrO₂ marker experiments[J]. Scripta Materialia, 2002, 46(7): 537 – 542.

[130] Sakidja R, Perepezko J H. Alloying and microstructure stability in the high-temperature Mo – Si – B system[J]. Journal of Nuclear Materials, 2007, 366(3): 407 – 416.

[131] Sakidja R, Perepezko J H, Kim S, et al. Phase stability and structural defects in high-temperature Mo – Si – B alloys[J]. Acta Materialia, 2008, 56(18): 5223 – 5244.

[132] Kim S, Perepezko J. Interdiffusion kinetics in the Mo₅SiB₂(T₂) phase[J]. Journal of Phase Equilibria and Diffusion, 2006, 27(6): 605 – 613.

[133] Sakidja R, Myers J, Kim S, et al. The effect of refractory metal substitution on the stability of Mo(ss) + T₂ two-phase field in the Mo – Si – B system[J]. International Journal of Refractory Metals and Hard Materials, 2000, 18(4 – 5): 193 – 204.

[134] Levin E M, Robbins C R, McMurdie H F. Phase diagrams for ceramists[M]. Ohio: American Ceramic Society, 1964.

[135] Li Y, Fan Y, Chen Y. A novel route to nanosized molybdenum boride and carbide and/or metallic molybdenum by thermo-synthesis method from MoO₃, KBH₄, and CCl₄[J]. Journal of Solid State Chemistry, 2003, 170(1): 135 – 141.

[136] Yeh C L, Hsu W S. Preparation of MoB and MoB – MoSi₂ composites by combustion synthesis

in SHS mode[J]. Journal of Alloys and Compounds, 2007, 440(1-2): 193-198.

[137] Yeh C L, Hsu W S. Preparation of molybdenum borides by combustion synthesis involving solid-phase displacement reactions [J]. Journal of Alloys and Compounds, 2008, 457 (1-2): 191-197.

[138] Yeh C L, Wang H J. Preparation of borides in Nb-B and Cr-B systems by combustion synthesis involving borothermic reduction of Nb_2O_5 and Cr_2O_3 [J]. Journal of Alloys and Compounds, 2010, 490(1-2): 366-371.

[139] Wang Y, Guang X Y, Cao Y L, et al. Mechanochemical synthesis and electrochemical characterization of VB_x as high capacity anode materials for air batteries[J]. Journal of Alloys and Compounds, 2010, 501(1): L12-L14.

[140] Yeh C L, Wang H J. Combustion synthesis of vanadium borides[J]. Journal of Alloys and Compounds, 2011, 509(7): 3257-3261.

[141] Mizuno H, Kitamura J. MoB/CoCr cermet coatings by HVOF spraying against Erosion by molten Al-Zn alloy[J]. Journal of Thermal Spray Technology, 2007, 16(3): 404-413.

[142] Costa e Silva A, Kaufman M J. Synthesis of $MoSi_2$-boride composites through in situ displacement reactions[J]. Intermetallics, 1997, 5(1): 1-15.

[143] Çamurlu H E. Preparation of single phase molybdenum boride[J]. Journal of Alloys and Compounds, 2011, 509(17): 5431-5436.

[144] Kudaka K, Iizumi K, Sasaki T, et al. Mechanochemical synthesis of MoB_2 and Mo_2B_5 [J]. Journal of Alloys and Compounds, 2001, 315(1-2): 104-107.

[145] Malyshev V V, Kushkhov H B, Shapoval V I. High-temperature electrochemical synthesis of carbides, silicides and borides of VI-group metals in ionic melts[J]. Journal of Applied Electrochemistry, 2002, 32(5): 573-579.

[146] Wang Y, Wang D, Yan J, et al. Preparation and characterization of molybdenum disilicide coating on molybdenum substrate by air plasma spraying[J]. Applied Surface Science, 2013, 284: 881-888.

[147] Padmanabhan P V A, Ramanathan S, Sreekumar K P, et al. Synthesis of thermal spray grade yttrium oxide powder and its application for plasma spray deposition[J]. Materials Chemistry and Physics, 2007, 106(2-3): 416-421.

[148] Natesan K, Deevi S C. Oxidation behavior of molybdenum silicides and their composites[J]. Intermetallics, 2000, 8(9-11): 1147-1158.

[149] Bartlett R W, McCamont J W, Gage P R. Structure and chemistry of oxide films thermally grown on molybdenum silicides[J]. Journal of the American Ceramic Society, 1965, 48(11): 551-558.

[150] Meyer M K, Akinc M. Oxidation behavior of boron-modified Mo_5Si_3 at 800° ~ 1300°C[J]. Journal of the American Ceramic Society, 1996, 79(4): 938-944.

[151] Schneibel J H, Sekhar J A. Microstructure and properties of $MoSi_2$-MoB and $MoSi_2$-Mo_5Si_3 molybdenum silicides [J]. Materials Science and Engineering A, 2003, 340 (1-2):

204 - 211.

[152] Soltani R, Coyle T W, Mostaghimi J, et al. Thermo-physical properties of plasma sprayed Yttria stabilized zirconia coatings[J]. Surface and Coatings Technology, 2008, 202(16): 3954 - 3959.

[153] Bertrand G, Bertrand P, Roy P, et al. Low conductivity plasma sprayed thermal barrier coating using hollow psz spheres: Correlation between thermophysical properties and microstructure [J]. Surface and Coatings Technology, 2008, 202(10): 1994 - 2001.

[154] Ramachandran C S, Balasubramanian V, Ananthapadmanabhan P V. On resultant properties of atmospheric plasma sprayed yttria stabilised zirconia coating deposits: Designed experimental and characterisation analysis[J]. Surface Engineering, 2011, 27(3): 217 - 229.

[155] Rogé B, Fahr A, Giguère J S R, et al. Nondestructive measurement of porosity in thermal barrier coatings[J]. Journal of Thermal Spray Technology, 2003, 12(4): 530 - 535.

[156] Zhang J, Desai V. Evaluation of thickness, porosity and pore shape of plasma sprayed TBC by electrochemical impedance spectroscopy[J]. Surface and Coatings Technology, 2005, 190 (1): 98 - 109.

[157] Antou G, Montavon G, Hlawka F, et al. Characterizations of the pore-crack network architecture of thermal-sprayed coatings[J]. Materials Characterization, 2004, 53(5): 361 - 372.

[158] Lima R S, Kucuk A, Berndt C C. Evaluation of microhardness and elastic modulus of thermally sprayed nanostructured zirconia coatings[J]. Surface and Coatings Technology, 2001, 135(2 -3): 166 - 172.

[159] 黎樵燊, 朱又春. 金属表面热喷涂技术[M]. 北京: 化学工业出版社, 2009.

[160] Fauchais P, Montavon G, Bertrand G. From powders to thermally sprayed Coatings[J]. Journal of Thermal Spray Technology, 2010, 19(1 -2): 56 - 80.

[161] Lima C R C, Trevisan R E. Graded plasma spraying of premixed metalceramic powders on metallic substrates[J]. Journal of Thermal Spray Technology, 1997, 6(2): 199 - 204.

[162] Lima C R C, Exaltacaão Trevisan R. Temperature measurements and adhesion properties of plasma sprayed thermal barrier coatings[J]. Journal of Thermal Spray Technology, 1999, 8(2): 323 - 327.

[163] Khor K A, Dong Z L, Gu Y W. Influence of oxide mixtures on mechanical properties of plasma sprayed functionally graded coating[J]. Thin Solid Films, 2000, 368(1): 86 - 92.

[164] Song E P, Ahn J, Lee S, et al. Effects of critical plasma spray parameter and spray distance on wear resistance of Al_2O_3 - 8% TiO_2 coatings plasma-sprayed with nanopowders[J]. Surface and Coatings Technology, 2008, 202(15): 3625 - 3632.

[165] Jordan E H, Gell M, Sohn Y H, et al. Fabrication and evaluation of plasma sprayed nanostructured alumina-titania coatings with superior properties[J]. Materials Science and Engineering: A, 2001, 301(1): 80 - 89.

[166] Shaw L L, Goberman D, Ren R, et al. The dependency of microstructure and properties of

nanostructured coatings on plasma spray conditions[J]. Surface and Coatings Technology, 2000, 130(1): 1 – 8.

[167] Yugeswaran S, Selvarajan V, Vijay M, et al. Influence of critical plasma spraying parameter (CPSP) on plasma sprayed Alumina-Titania composite coatings[J]. Ceramics International, 2010, 36(1): 141 – 149.

[168] Heimann R B. Plasma spray coating: Principles and applications[M]. Second New York: VCH, 1996.

[169] Yugeswaran S, Selvarajan V, Seo D, et al. Effect of critical plasma spray parameter on properties of hollow cathode plasma sprayed alumina coatings [J]. Surface and Coatings Technology, 2008, 203(1 – 2): 129 – 136.

[170] Fei X, Niu Y, Ji H, et al. Oxidation behavior of ZrO_2 reinforced $MoSi_2$ composite coatings fabricated by vacuum plasma spraying technology[J]. Journal of Thermal Spray Technology, 2010, 19(5): 1074 – 1080.

[171] Fei X, Niu Y, Ji H, et al. Oxidation behavior of Al_2O_3 reinforced $MoSi_2$ composite coatings fabricated by vacuum plasma spraying[J]. Ceramics International, 2010, 36(7): 2235 – 2239.

[172] Kulkarni A, Wang Z, Nakamura T, et al. Comprehensive microstructural characterization and predictive property modeling of plasma-sprayed zirconia coatings[J]. Acta Materialia, 2003, 51(9): 2457 – 2475.

[173] Brandstötter J, Lengauer W. Multiphase reaction diffusion in transition metal-boron systems [J]. Journal of Alloys and Compounds, 1997, 262 – 263: 390 – 396.

[174] Kuznetsov S A, Kuznetsova S V, Rebrov E V, et al. Synthesis of molybdenum borides and molybdenum silicides in molten salts and their oxidation behavior in an air-water mixture[J]. Surface and Coatings Technology, 2005, 195(2 – 3): 182 – 188.

[175] Cockeram B V. Measuring the fracture toughness of molybdenum – 0. 5 pct titanium – 0. 1 pct zirconium and oxide dispersion-strengthened molybdenum alloys using standard and subsized bend specimens [J]. Metallurgical and Materials Transactions A, 2002, 33 (12): 3685 – 3707.

[176] Jeng Y L, Lavernia E J. Processing of molybdenum disilicide[J]. Journal of Materials Science, 1994, 29(10): 2557 – 2571.

[177] Tortorici P C, Dayananda M A. Growth of silicides and interdiffusion in the Mo – Si system [J]. Metallurgical and Materials Transactions A, 1999, 30(3): 545 – 550.

[178] Tortorici P C, Dayananda M A. Diffusion structures in Mo vs. Si solid-solid diffusion couples [J]. Scripta Materialia, 1998, 38(12): 1863 – 1869.

[179] Gupta B K, Sarkhel A K, Seigle L L. On the kinetics of pack aluminization[J]. Thin Solid Films, 1976, 39: 313 – 320.

[180] Gupta B K, Seigle L L. The effect on the kinetics of pack aluminization of varying the activator [J]. Thin Solid Films, 1980, 73(2): 365 – 371.

［181］Kandasamy N, Seigle L L, Pennisi F J. The kinetics of gas transport in halide-activated aluminizing packs[J]. Thin Solid Films, 1981, 84(1): 17 – 27.

［182］Wakao N, Smith J M. Diffusion in catalyst pellets[J]. Chemical Engineering Science, 1962, 17(11): 825 – 834.

［183］Levine S R, Caves R M. Thermodynamics and kinetics of pack aluminide coating formation on IN – 100[J]. Journal of the Electrochemical Society, 1974, 121(8): 1051 – 1064.

［184］Rice M J, Sarma K R. Interaction of CVD Silicon with Molybdenum Substrates[J]. Journal of The Electrochemical Society, 1981, 128(6): 1368 – 1373.

［185］Xiang Z D, Datta P K. Relationship between pack chemistry and aluminide coating formation for low-temperature aluminisation of alloy steels[J]. Acta Materialia, 2006, 54(17): 4453 – 4463.

［186］Luniakov Y V. First principle simulations of the surface diffusion of Si and Me adatoms on the Si(111) Al, Ga, In, Pb[J]. Surface Science, 2011, 605(19 – 20): 1866 – 1871.

［187］Yoon J K, Lee K H, Kim G H, et al. Low-temperature cyclic oxidation behavior of $MoSi_2$/SiC nanocomposite coating formed on mo substrate[J]. Materials Transactions, 2004, 45(7): 2435 – 2442.

［188］Prasad S, Paul A. Growth mechanism of phases by interdiffusion and atomic mechanism of diffusion in the molybdenum-silicon system[J]. Intermetallics, 2011, 19(8): 1191 – 1200.

［189］Govindarajan S, Suryanarayana C, Moore J J, et al. Synthesis and characterization of a diffusion barrier layer for molybdenum[J]. Journal of Advanced Materials, 1999, 31(2): 23 – 33.

［190］Govindarajan S, Moore J, Suryanarayana C, et al. Development of a diffusion barrier layer for silicon and carbon in molybdenum—A physical vapor deposition approach[J]. Metallurgical and Materials Transactions A, 1999, 30(3): 799 – 806.

［191］Govindarajan S, Moore J J, Ohno T R, et al. Development of a Si/C diffusion barrier layer based on the Mo – Si – C – N system[J]. Surface and Coatings Technology, 1997, 94 – 95: 7 – 12.

［192］Wang Y, Wang D, Yan J. Preparation and characterization of $MoSi_2$/MoB composite coating on Mo substrate[J]. Journal of Alloys and Compounds, 2014, 589: 384 – 388.

［193］Zhu Y T, Stan M, Conzone S D, et al. Thermal oxidation kinetics of $MoSi_2$ – based powders [J]. Journal of the American Ceramic Society, 1999, 82(10): 2785 – 2790.

［194］Berkowitz-Mattuck J B, Dils R R. High-Temperature Oxidation: II. Molybdenum Silicides [J]. Journal of the Electrochemical Society, 1965, 112(6): 583 – 589.

［195］Sakidja R, Rioult F, Werner J, et al. Aluminum pack cementation of Mo – Si – B alloys[J]. Scripta Materialia, 2006, 55(10): 903 – 906.

［196］Perepezko J H, Sakidja R. Oxidation-resistant coatings for ultra-high-temperature refractory Mo – based alloys[J]. Journal of the Minerals, Metals and Materials Society, 2010, 62(10): 13 – 19.

图书在版编目(CIP)数据

钼基合金高温抗氧化涂层的制备与性能/汪异,王德志著.
—长沙:中南大学出版社,2016.1
ISBN 978 – 7 – 5487 – 2240 – 3

Ⅰ.钼...Ⅱ.①汪...②王...Ⅲ.①钼基合金 – 高温抗氧化涂层 –
制备②钼基合金 – 高温抗氧化涂层 – 性能
Ⅳ.①TG146.4②TB43

中国版本图书馆 CIP 数据核字(2016)第 093837 号

钼基合金高温抗氧化涂层的制备与性能
MUJIHEJIN GAOWENKANGYANGHUATUCENG DE ZHIBEIYUXINGNENG

汪　异　王德志　著

□责任编辑　史海燕
□责任印制　易建国
□出版发行　中南大学出版社
　　　　　　社址:长沙市麓山南路　　　　邮编:410083
　　　　　　发行科电话:0731-88876770　　传真:0731-88710482
□印　　装　长沙鸿和印务有限公司

□开　　本　720×1000　1/16　□印张 8.25　□字数 161 千字
□版　　次　2016 年 1 月第 1 版　□印次　2016 年 1 月第 1 次印刷
□书　　号　ISBN 978 – 7 – 5487 – 2240 – 3
□定　　价　40.00 元